U0225773

10 堂极简概率课

TEN GREAT IDEAS ABOUT CHANCE

[美] 佩尔西·戴康尼斯（Persi Diaconis）
[美] 布赖恩·斯科姆斯（Brian Skyrms）/著
胡小锐/译

中信出版集团 | 北京

图书在版编目（CIP）数据

10 堂极简概率课 /（美）佩尔西 · 戴康尼斯，（美）布赖恩· 斯科姆斯著；胡小锐译. -- 北京：中信出版社，2019.4（2025.1 重印）

书名原文：TEN GREAT IDEAS ABOUT CHANCE

ISBN 978–7–5086–9920–2

I. ① 1… II. ①佩… ②布… ③胡… III. ①概率论－普及读物 IV. ① O211–49

中国版本图书馆 CIP 数据核字（2019）第 009811 号

10 堂极简概率课
著者： ［美］佩尔西 · 戴康尼斯 ［美］布赖恩 · 斯科姆斯
译者： 胡小锐
出版发行：中信出版集团股份有限公司
（北京市朝阳区东三环北路 27 号嘉铭中心 邮编 100020）
承印者： 三河市中晟雅豪印务有限公司

开本：880mm × 1230mm 1/32 印张：9.5 字数：200 千字
版次：2019 年 4 月第 1 版 印次：2025 年 1 月第 8 次印刷
京权图字：01–2018–4678 书号：ISBN 978–7–5086–9920–2
定价：49.00 元

服务热线：400–600–8099
投稿邮箱：author@citicpub.com

谨以此书纪念“钻石吉姆”理查德·杰弗里（Richard Jeffrey）
他是我们的好朋友和一位真正的哲学家。

目 录 | CONTENTS

第 4 课 频率与概率之间有什么关系？

第 5 课 如何用数学方法解决概率问题？

第6课 贝叶斯定理如何改变了世界？

第7课 菲尼蒂定理与可交换概率

第8课 如何用图灵机生成随机序列？

第9课 世界的本质是什么？

第10课 如何用概率论解答休谟问题？

附 录 概率辅导课

前 言

这本书是由我们在斯坦福大学合作教授了约 10 年的一门课程衍生而来的。这是一门大型的混合性课程，听课的人是本科生或研究生，他们分别来自哲学、统计学和一些交叉学科。随着课程的不断发展，我们越来越相信它的内容应该可以吸引更多的听众。学习这门课的一个先决条件，就是接触过一门概率论或统计学的课程，这本书的读者同样需要满足这个条件。但是，考虑到某些读者可能是在很久以前学过这类课程，我们在书中以附录的形式，对概率论进行了一次简要的复习。

这本书涉及的内容包括历史、概率和哲学。我们不仅介绍了概率论发展过程中的一些伟大思想及其历史，还致力于探索这些思想的哲学意义。一位阅读过本书初稿的读者抱怨说，读到最后，他仍然不了解我们关于概率的哲学观点，原因或许是我们过于中立。这个问题现在已经解决了，你会发现我们是彻头彻尾的贝叶斯学派，是贝叶斯（Thomas Bayes）、拉普拉斯（Pierre-Simon Laplace）、拉姆齐（Frank Ramsey）和菲尼蒂（Bruno de Finetti）的信徒。有人认为贝叶斯学派是与频率学派相对立的，而我们并不否认频率的重要性，或者讨论客观概率的价值。不仅如此，我们还会在合理的置信度框架内统一考虑这些问题。

在这本书的开头，我们与先驱者一起思考，涉及的工具很简单。但到了后半部分，我们将回到当下，不可避免地会接触到一些技术性细节。

为了保证行文简洁流畅，我们将把某些细节内容放到附录中，大家可以根据需要查阅。我们还做了大量注释，以方便读者深入挖掘自己感兴趣的内容。在这本书的最后，我们列出了一份参考书目。此外，脚注也给出了较为详细的解释。

佩尔西·戴康尼斯

布赖恩·斯科姆斯

第 1 课

概率是可以测度的

吉罗拉莫·卡尔达诺（Gerolamo Cardano）

要搞清楚一门学科的本质，认真研究该学科的开创者的想法是一条可行的路径。事实上，某些基础性哲学问题从一开始就是显而易见的。关于概率，我们的第 1 堂课要介绍的第一个伟大思想是：概率是可以测度的。这个观点的形成时间是 16—17 世纪，过程为何如此漫长，这个问题至今仍然是一个谜。希腊神话中有命运女神堤喀（Tyche）；德谟克利特（Democritus）及其追随者假设，构建宇宙的所有原子都会受到某种物质偶然性的影响；卢克莱修（Lucretius）在《物性论》（*De Rerum Natura*）中指出，这种偶然性就是原子的偏离；古埃及人和古巴比伦人学会了用指关节骨或骰子玩概率游戏，到了罗马时期，这种游戏流行开来，士兵们通过抽签决定基督斗篷的归属。后来，古希腊学园派怀疑论者将概率视为人生的指南。[1] 不过，这些时期似乎都没有出现有关概率的定量理论。[2]

想一想，我们是怎么测量东西的？[3] 以长度为例，我们会先找到一个长度标准，然后计数某个东西包含多少个这样的标准长度。比如，在我们用脚步测量距离时，这个长度标准就是我们的脚。但是，不同的脚有可能得出不同的测量结果，因此，1522 年，有人提议改进法定路德（杆）的确定方法。如图 1–1 所示，当人们从教堂鱼贯而出时，将排成一列的

图 1-1　法定路德的确定

16 个人的脚的总长度设定为法定路德。[4] 从图 1–1 可以看出，这些人的脚长度不一，但通过一群人来设定这个长度单位具有明显的平均效应，因此很多人接受了这个方法。不过，当时似乎还没有人明确提出平均数这个概念。

我们有必要指出，这个方法存在哲学上的异议。我们的目的是定义长度，但在用脚长测量距离时，我们已经假定我们采用的长度标准等长。[5] 因此，这是一个循环论证的过程。

任何有头脑的人都不会因为这个异议而放弃用脚长测量距离的方法。我们的测量活动就始于此，最终建立并完善了长度的概念。脚的长度因人而异，路德会长短不一，标准米尺的长度在足够高的精度条件下也会各不相同。借助物理学知识，我们可以不断改进长度测量方法。因此，这确实是一个循环论证的过程，但它并不是一个致命的缺陷，反而为我们指明了一条趋于完善的道路。[①]

概率的测度同样如此。在测度之前，我们先要找到（或者制造）同等可能性的情况，然后计数这些情况发生的次数。于是，事件A的概率，记作$P(A)$，为

$$P(A)=\frac{\text{事件}A\text{发生的次数}}{\text{所有可能发生的事件的次数}}$$

注意，从上式可知：

1. 概率永远不会是负值；
2. 如果所有可能发生的情况中均包含事件A，则$P(A)=1$；
3. 如果事件A和事件B不会同时发生，则$P(A\text{或}B)=P(A)+P(B)$。

此外，某个事件不会发生的概率等于 1 与该事件发生概率的差：

$$P(\text{非}A)=1-P(A)。$$

这个概念虽然十分简单，但如果运用得巧妙得当，就会产生令人惊讶的效果。我们以生日问题为例。如果不考虑闰年，并且假设出生日期的概率均相等，每个人的生日相互独立（即没有双胞胎），那么房间内的所有人中至少有两个人的生日在同一天的概率是多少？如果你以前没有见过这个问题，它的答案肯定会让你大吃一惊。

一群人中有人生日在同一天的概率等于 1 减去所有人生日均不相

① 促使等概率这个概念逐步完善的道路是什么？继续阅读这本书，你就会找到答案。

同的概率。第二个人与第一个人的生日不同的概率为（364/365）。如果前两个人的生日不同，那么第三个人的生日与他们俩都不相同的概率为（363/365），以此类推。因此，N个人中有人生日相同的概率为

$$1-\left(\frac{364}{365}\times\frac{363}{365}\times\cdots\times\frac{365-N+1}{365}\right)。$$

如果你对同额赌注感兴趣，就可以利用上述公式，找到使输赢概率趋近 1/2 的N的值。当房间里一共有 23 个人时，生日相同的概率会略高于 1/2。如果房间里有 50 个人，这个概率就会接近 97%。

人们经常利用生日问题来考虑一些令人吃惊的巧合情况，因此生日问题出现了很多变种。比如，两个美国人的生日相同，而且他们的父亲、祖父和曾祖父生日相同的可能性大到令人吃惊的程度。为帮助大家应对这些问题，本堂课内容的附录部分给出了一些有用的近似值。最后，本书在结尾部分又利用这些近似值，证明了菲尼蒂定理。现在，大家只要知道“等可能情况”这个基本结构应用广泛和深入就可以了。

概率测度的开始

创建等概率情况，最有效的方法莫过于抛掷质地均匀的骰子，或者从洗好的一副牌中抽取扑克牌。概率的测度就是从这里开始的。我们不知道首创者是谁，但数学家、医生、占星家吉罗拉莫·卡尔达诺早在 16 世纪研究赌博游戏时就明明白白地提到过这个概念。[6] 卡尔达诺有时以赌博为生，因此他对等概率假设非常敏感。此外，他对动过手脚的骰子以及其他作弊手法都了如指掌：“……骰子有时并不诚实，可能是因为它

被打磨过，也可能是因为它被削扁了（这很容易被人看穿），还可能是因为相对应的两面受到挤压而变得扁平了……牌类游戏的作弊手段更是层出不穷。”[7]

17 世纪早期，伽利略（Galileo）给他的赞助人托斯卡纳大公爵写了一封简短的信，回答了后者提出的一个关于骰子的问题。公爵认为，通过计算可能情况得出的答案似乎是错误的。投掷三枚骰子时，得到 10 点和 11 点的数字组合方式各有 6 种，9 点和 12 点同样如此。“……但是，众所周知，骰子玩家通过长期观察发现，掷出 10 点和 11 点的可能性比 9 点和 12 点的可能性更大。”①这是怎么一回事呢？

伽利略答道，他的赞助人在计算得到 9 点和 10 点的可能情况时，把三个 3 点计作一种可能，把两个 3 点和一个 4 点也计作一种可能，这种方法是错误的。伽利略指出，后者涵盖了三种可能的组合，它们彼此之间的不同点就在于是哪枚骰子掷出了 4 点。

<4, 3, 3>，<3, 4, 3>，<3, 3, 4>。

前者的确只有一种可能，即<3, 3, 3>。伽利略完全掌握了排列组合的相关知识，似乎并没有觉得这是什么新鲜事物。

在构建等概率情况时，伽利略和卡尔达诺似乎都隐晦地使用了独立性这个概念。他们认为，对于每一枚骰子，抛掷后得到 6 个面中的每一个的概率都相等，在抛掷三枚骰子时，得到 216 个可能结果中的每一个的

---

① 这个问题的表述有一个奇怪的地方，那就是对长期观察这个表达的解释。观察必须持续进行很长时间。根据伽利略的计算，得到 9 点的概率是 25/216，约等于 0.116；得到 10 点的概率是 27/216，约等于 0.125。两者相差 0.009，约等于 1/100。大家可以计算一下需要观察的次数，当作一次练习。

概率也相等。在解决生日问题时，我们假设所有人的生日都具有独立性。

帕斯卡（Pascal）和费马（Fermat）充分理解了这个基本体系。众所周知，他们通过书信往来，解决了几个更加微妙且在概念上又各具特色的问题。

帕斯卡和费马

帕斯卡和费马于1654年开始的一系列书信往来，似乎标志着概率论这个数学分支第一次开启了实质性研究。本书详细介绍这件事，有三个原因：第一，这是一次史无前例的研究；第二，它告诉我们，借助等可能情况，某些看似复杂的问题有可能被简化为直截了当的计算；第三，它引入了期望值这个重要概念，期望值是概率论这门学科的主要支柱之一。

帕斯卡和费马解决的这些问题，在概念特色上不同于卡尔达诺和伽利略解决的那些问题。帕斯卡和费马对公平性进行了定义，还对期望值进行了重点研究。

其中有两个问题是帕斯卡的赌友梅内骑士（Chevalier de Méré）提出来的。帕斯卡把这两个问题连同他自己的想法，都通过书信告诉了费马。他们俩是通过梅森学院建立联系的，自从梅森（Marin Mersenne）神父于1635年创建了这家学院之后，包括伽利略、笛卡儿（Descartes）和莱布尼茨（Leibniz）在内的杰出数学家、科学家和哲学家都在这里分享过研究成果。

骰子问题：一名玩家需要在8次抛掷骰子的赌局中掷出一个6点。此时，投注金额已经确定，这名玩家已经抛掷了3次，但没有一次是6点。如果从赌注中拿出一定比例的钱给这名玩家，让他放弃第4次的抛掷机会（仅放弃这一次），那么给他多少钱才算公平？[①]

点数问题：两名水平相当[②]的玩家正在进行一场多局赌博。每赢一局就可以得到一点。他们一致同意，第一个达到特定点数的玩家获胜，并赢得全部赌注。在进行了若干轮之后，赌局被打断了。此时，如何分配赌注才算公平合理呢？

这两个问题都是围绕公平性阐述的。但是，概率论中的公平性到底指什么呢？我们将会看到，帕斯卡和费马隐晦地利用期望值的概念回答这个问题。

对赌注为 $V(x)$、结果为 x 的赌局而言，期望值就是概率的加权平均：

$$\text{期望值}(V) = V(x_1)\,p(x_1) + V(x_2)\,p(x_2) + \cdots$$

如果玩家对交易的期望值保持不变，就可以视其为公平交易，比如，抛掷质地均匀的硬币。如果是正面朝上，你赢 1，反之，你输 1。那么，期望值为 $(+1)(1/2) + (-1)(1/2) = 0$。

我们把这个概念应用到骰子问题上。桌上的赌注没有变化，仍然是 s。如果该玩家不放弃第 4 次抛掷的机会，那么他一共还有 5 次机会。他的期望值为

$$\frac{1}{6}s \qquad + \qquad \frac{5}{6}\left(1-\left(\frac{5}{6}\right)^4\right)s。$$

① 在继续阅读之前，大家可以先考虑一个问题。假设在赌局开始之前，双方约定在 8 次抛掷中率先掷出 6 点的玩家可以拿走桌上的 10 美元，那么给你 5 美元，让你放弃第 4 次投掷机会，你愿意接受吗？这是否公平？

② 我们可以假设他们抛掷的是一枚质地均匀的硬币。

（第 4 次赢） （第 4 次输，但在余下的 4 次机会中赢 1 次）①

费马在信中建议玩家拿走 1/6 的赌注，然后放弃第 4 次抛掷的机会。[8] 在这种情况下，他的期望值是

$$\frac{1}{6}s \qquad + \qquad \left(1-\left(\frac{5}{6}\right)^4\right)\left(\frac{5}{6}\right)s。$$

（放弃第 4 次抛掷机会可以得到的钱） （在余下的 4 次机会中获胜概率与剩余赌注的乘积）

可以看出，两者相同，因此用 1/6 的赌注作为玩家放弃第 4 次抛掷机会的收益是公平的。[9]

点数问题也是一个期望值问题，曾让许多以前的思想家束手无策。1494 年，修道士卢卡 · 帕乔利（Luca Pacioli）考虑过一个点数问题：在一场只要得到 6 点即可获胜的赌局中，一名玩家已经得到了 5 点，另一名玩家得到了 3 点。也许是受到亚里士多德（Aristotle）的分配正义思想的影响，帕乔利认为按照两个玩家分别赢得的点数之比（5 ∶ 3）进行分配是公平的做法。大约 50 年后，塔尔塔利亚（Tartaglia）提出了反对意见，理由是：根据这条规则，如果游戏在一轮之后停止，那么其中一名玩家就会得到全部赌注。赢得赌局所需的点数越多，这样的结果就越令人难以接受。塔尔塔利亚试图修改帕乔利的规则，以便将这种情况考虑进去，但最后他怀疑这个问题可能根本没有确定的答案。这个问题也让包括卡尔达诺和梅内骑士在内的所有人绞尽脑汁，困惑不已。

这时候，费马提出了一个至关重要的见解。假设两名玩家距离赢得

① 在余下的 4 次机会中赢 1 次的概率 = $1-P(4\text{ 轮全输}) = 1-(5/6)^4$。

赌局分别还差r点和s点，那么赌局肯定会在$r+s-1$轮内结束。赌局可能会提前结束，但是由于每轮的胜负率是确定的，所以我们不妨考虑一下所有$r+s-1$轮投掷的结果。这样一来，整个问题就简化为一个关于等概率情况的问题，通过计数就可以算出概率。

在帕乔利问题中，玩家 1 有 5 点，玩家 2 有 3 点，只要他们中的任何一个得到 6 点，赌局就会结束。因此，赌局最多还可以进行 3 轮，共有 8 种等概率情况。玩家 2 只有赢得接下来的 3 轮，才会获胜，他的期望值是总赌注的 1/8，而玩家 1 的期望值是 7/8。因此，公平的方案是按照这两个期望值之比来分配赌注。

通过统计等概率情况计算期望值，可以解决这类问题。但是，等概率情况有时会因为数目过大而难以统计。不妨考虑一下塔尔塔利亚举的例子。赢得 6 点即可获胜，一名玩家没有得分，另一名已有 1 点在手。因此，赌局最多还可以进行 10 轮。把所有 1 024 种可能的结果全部写出来，是一件单调乏味的事。不过，帕斯卡有一种更好的统计方法。

要统计玩家 1 获胜的情况，我们可以分别统计他在 10 轮投掷中赢得 6 次的情况（10 选 6），在 10 轮投掷中赢得 7 次的情况（10 选 7）……在 10 轮投掷中赢得 10 次的情况（10 选 10），然后将统计结果相加。如图 1–2 所示，利用帕斯卡三角形［也叫塔尔塔利亚三角形、奥马尔·海亚姆（Omar Khayyam）三角形[10]］，我们可以很方便地在第 10 行找到这些数字。这一行告诉我们，从一组 10 个对象中选取若干个会有多少种不同的方案。从左至右依次可以看到，选取 0 个对象有 1 种选择方案，选取 1 个对象有 10 种选择方案，选取 2 个对象有 45 种方案，选取 3 个对象有 120 种方案，一直到最右端，选取 10 个对象有 1 种选择方案。

我们需要求出 10 轮 6 赢 + 10 轮 7 赢 + ⋯ + 10 轮 10 赢的总和。利用帕斯卡三角形的第 10 行，可以算出

$$210 + 120 + 45 + 10 + 1 = 386$$

该玩家的最终获胜概率为

$$\frac{386}{1\,024}$$（约等于 38%）。

因此，公平分配方案是玩家 1（之前没有得分）获得赌注的 386/1 024，玩家 2 则获得剩余赌注。

在帕斯卡和费马之后，统计等概率情况和利用组合原理及期望值来计算概率，就成了众所周知的概率测度的基本方法。

图 1-2 帕斯卡三角形

惠更斯

帕斯卡与费马在书信中讨论的这些内容传到了克里斯蒂安·惠更斯（Christiaan Huygens）[11] 的耳朵中。当时，这位伟大的荷兰科学家正在巴黎访问。他不仅接受并拓展了书信中传递的那些思想，之后还解决了那几个问题，并于1656年出版了关于这些问题的第一部著作。1692年，约翰·阿布斯诺特（John Arbuthnot）把它翻译成英文版，书名就叫《机遇的规律》（*Of the Laws of Chance*）[12]。

在这本书的开头，惠更斯提出了一条基本原理：

公设

下列命题构建于这样的公理之下：赢得任何东西的概率或期望值，都与在公平赌局中获胜的概率或期望值一样，可以通过求和的方式计算出来。比如，某个人的左手和右手分别握有3先令和7先令。他让我在不知情的情况下选择一只手，然后他会把那只手握着的钱送给我。我认为，这相当于他送给我5先令，这是因为在公平的条件下，我获得5先令与赢得3先令或7先令的概率或期望值是一样的。

惠更斯认为，他其实可以通过抛质地均匀的硬币的方法来决定选择哪只手。① $1/2 \times 3 + 1/2 \times 7 = 5$，因此他说，赌注的价值和得到5先令的价值是一样的。于是，他明确地（通过一个特例）提出了帕斯卡与费马书信中隐含的一条原理：期望值是测算价值的正确方法。

接着，他从公平性的角度论证了这种测算方法的合理性。假设我用一枚质地均匀的硬币与某人打赌，赌注是10先令。由于对称性，所以这个赌局是公平的。现在，假设我们一致同意修改赌局，无论谁赢，都要分给输家3先令。这种做法不会破坏对称性，所以修改后的赌局协议仍然是公平的。但现在输家拿到了赌注中的3先令，赢家还剩7先令。诸如

① 多年以后，霍华德·雷法（Howard Raiffa）在解决所谓的“埃尔斯伯格悖论”（Ellsberg Paradox）时也提出了类似的观点。我们在第3课讨论有关概率的心理学时将介绍这个悖论。

此类的协议都会保持公平性，包括赢家分5先令给输家，最后双方各有5先令的协议。接着，惠更斯表明这种论证方法还可以推广至任意有限数量的结果和概率为任意合理值的结果。所以，利用对称性来证明等概率情况的做法将在本书中反复出现。

牛顿追随者的想法

阿布斯诺特是牛顿的追随者，[13]他在惠更斯著作的英译本的序言中发表了一句值得我们注意的评论：

> 在力量和方向都确定的情况下，骰子落下后朝上的一面也是确定的，只不过我不知道什么样的力量和方向，才能使我想要的那一面朝上。因此，我称之为概率，意思是技能的缺乏。

通过这段文字，阿布斯诺特引入了在确定的环境中如何正确认识概率的问题。他给出的答案是：概率是人类无知的产物。

以抛一次硬币为例。用拇指弹击硬币，硬币在空中翻转，随后被抓在手心里。很明显，如果拇指用同样的力量弹击硬币相同的部位，硬币落下后朝上的面也会保持不变。所以，抛硬币是一种有规律可循的物理现象，而不是随机的！为了证明这一点，我们请物理系为我们制造了一台抛硬币机。如图1–3所示，在弹簧被松开之后，停留在弹簧上的硬币一边翻转，一边弹起，然后落在一只杯子里。因为弹簧的力量是受控的，所以硬币落下后总是同一面朝上。这个结果令人发自内心地感到不安（本书的两名作者也不例外），魔术师和不诚实的赌徒（包括本书的一位作者）都具有这样的技能。

那么，为什么认为抛硬币具有随机性的观点如此普及，并取得了巨大成功呢？庞加莱（Poincaré）给出了基本回答。如果将硬币用力弹起，使之有足够的垂直速度和角速度，硬币就会对初始条件产生敏感的依赖性。初始条件的一点儿不确定性将会被放大，使结果具有很大的不确定性，以至于在一定程度上，我们可以假设结果具有等概率，但这必须满足一些重要的限制性条件。关于这一点，请参阅本章的附录2。我们将在第 9 课详细讨论这个问题。

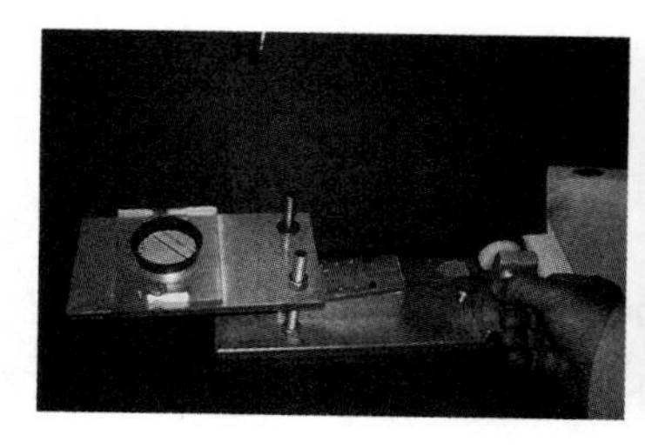

图 1-3 可以确定结果的抛硬币机

伯努利

1713 年，在雅各布·伯努利（Jacob Bernoulli）去世 8 年后，他的《猜度术》（*Ars Conjectandi*）[14] 终于出版。在这本书中，伯努利阐明了前辈们的做法。全书的第一部分引述并评论了惠更斯的成果。一个事件的概率被明确地定义为发生该事件的（等概率）情况数量与（等概率）情况总数之比。比如，从一副扑克牌（不含大小王）中抽出一张梅花牌的概率是 13/52。此外，伯努利还将条件概率（conditional probability），即第二个事件 B 在第一个事件 A 已经发生的条件下的发生概率，定义为两个事件均发生的情况数量与发生第一个事件的情况数量之比：

$$\text{概率（}A\text{发生条件下}B\text{的发生概率）}=\frac{A\text{与}B\text{均发生的情况数量}}{A\text{发生的情况数量}}\text{。}$$

如果抽到的是一张梅花牌，那么这张牌是Q的概率为1/13。

在这些定义的基础上，伯努利指出互斥事件的概率可以相加，以及概率满足乘法法则，即$P(A\cap B) = P(A)P(B/A)$。这些简单的法则构成了所有概率计算的核心。

不过，伯努利的主要贡献是把概率和频率紧密地联系在一起，并称为他的黄金定理。在此以前，人们只是猜测这两者之间存在联系。

伯努利举了一个例子。假设一只罐子中装有3 000块白色鹅卵石和2 000块黑色鹅卵石，从罐子中抓取鹅卵石的行为相互独立，而且每次取出一块鹅卵石后会向罐子中补充一块同色的鹅卵石。那么，在抓取鹅卵石的行为进行了一定的次数之后，我们是否“确有把握”（moral certainty）使取出的白色鹅卵石与黑色鹅卵石的数量之比接近3∶2？如果确有把握，这个抓取次数到底是多少？伯努利选定了一个高概率作为“确有把握”的衡量标准，并确定了所需的抓取次数。然后，他阐明了弱大数定律：

> 对于概率（在本例中等于3/5）周围尽可能小的任意区间，以及无限接近确定值$1-e$的近似值，都存在数N，使N次尝试中取出白色鹅卵石的相对频率落在该区间的概率至少是$1-e$。

我们在后文中讨论频率时会详细阐述这个定律。

小 结

就像长度一样，概率也是可以测量的。我们将事情划分成等可能情况，计数这些情况发生的次数，再除以可能情况的总数，即可计算出概率。这个定义满足以下条件：

1. 概率是一个 0 到 1 之间的数。

2. 如果 A 不可能发生，则 $P(A)=0$。如果 A 在所有情况下都会发生，则 $P(A)=1$。

3. 如果 A 和 B 不可能在同一种情况下发生，则 $P(A\cup B)=P(A)+P(B)$。

4. 在 A 发生条件下 B 的发生概率等于 B 与 A 同时发生的情况数量除以 A 发生的情况数量，即 $P(A\cap B)=P(A)P(B|A)$。如果 A 和 B 相互独立，即 $P(B|A)$ 等于 $P(B)$，则 $P(A\cap B)=P(A)P(B)$。

在发现并统计可能情况数量的过程中，人们遇到了一些数学问题，比如复杂赌局的获胜概率、生日问题等。

期望值可以根据各种结果出现的概率来衡量它们的成本与收益情况，这不仅有助于计算，还是公平性和价值的衡量方法。

大数定律（我们将在第4堂课和第6堂课继续讨论）表明，在多次独立尝试中，我们可以通过频率求出次数的近似值（高概率）。

本堂课的内容一共有三个附录，分别介绍了帕斯卡和费马的通信往来，抛硬币的物理学发展历程，以及深入分析概率数学与现实世界中发生的偶然事件之间的联系。（本书最后单列出一个附录，以满足读者复习相关知识的需要。）

附录 1　帕斯卡和费马

骰子问题

帕斯卡写给费马的第一封信已经遗失，但可以肯定的是，骰子问题就是在这封信中提出来的。

费马在回信中指出，帕斯卡犯了一个错误：

> 假设我需要用一枚骰子在 8 轮投掷中得到某个点数才算赢。下注后，如果我们一致同意我放弃第一轮投掷机会，那么根据我的理论，作为对我放弃第一轮投掷机会的补偿，我拿走全部赌注的 1/6 才算公平合理。
>
> 之后，如果我们一致同意我放弃第二轮投掷机会，那么我拿走剩余赌注的 1/6，也就是全部赌注的 5/36，才算公平合理。
>
> 之后，如果我们一致同意我放弃第三轮投掷机会，那么作为对我的补偿，我拿走剩余赌注的 1/6，也就是全部赌注的 25/216，才算公平合理。
>
> 之后，如果我们一致同意我放弃第 4 轮投掷机会，那么我拿走剩余赌注的 1/6，也就是全部赌注的 125/1 296，才算公平合理。你认为，如果玩家完成了前面三轮的投掷，这就是第 4 轮投掷机会的价值。我认同你的观点。
>
> 下面是你在信中举出的最后一个例子，我完整地引述如下条件：我需要在 8 轮投掷中得到 6 点。我已经投掷了三次，但都没有成功。这时候，我的对手建议我放弃第 4 轮投掷机会，并且为公平起见，

我可以拿走全部赌注的125/1 296。你认为这样做是合理的。

但是，根据我的理论，这是不公平的。因为在这种情况下，手持骰子的玩家在前三轮投掷中一无所获，总赌注分文未少。如果他同意放弃第4轮投掷机会，作为补偿，他应该拿走全部赌注的1/6。如果他第4次投掷仍没有成功，那么在双方一致同意他放弃第5轮投掷机会的情况下，他依然应该分得全部赌注的1/6。既然赌注总额一直没有变化，那么无论从理论上看，还是根据常识，每次投掷机会都应该具有相同的价值。

很明显，这里的核心问题是期望值。如果放弃某一轮的投掷机会并拿走一部分赌注，不会改变赌局的期望值，这种做法就是公平的。

费马清楚地看到，任意一轮赌局的分析结果都是一样的。假设某轮投掷结束后，还剩下$n+1$轮投掷机会，此时的赌注价值为1。那么，选择参与赌局并在此轮获胜的期望值是1/6，而此轮失败但最终仍有可能获胜的期望值是$(\frac{5}{6})\left(1-(\frac{5}{6})^n\right)$。拿走1/6的赌注后，用剩余赌注继续赌局的期望值是：到手的现金（数额为1/6），再加上最终获胜的概率$1-(\frac{5}{6})^n$与剩余赌注（数额为5/6）的乘积。费马的分析立刻得到了帕斯卡的认同。

点数问题

帕斯卡讨论的另一个问题也很有趣。他以一个赌局为例，两个玩家各押注32枚金币，率先赢得三点的玩家获胜。

我们假设第一个玩家得到两点，另一个玩家得到一点。在接下来的一轮赌局中，如果第一个玩家获胜，他就会赢得全部赌注，即64枚金币。如果第二个玩家获胜，他们的点数之比就是2：2，此时终止赌局的话，他们各自拿回自己的赌注（32枚金币）就可以了。

费马先生，请考虑下面这种情况。如果第一个玩家获胜，64枚金币就会归他一人所有。如果他输了，则可以得到32枚金币。此时他们终止赌局的话，第一个玩家就会说："我肯定可以得到32枚金币，因为即使我输了，我也会得到这么多金币。至于另外32枚金币，也许会归我所有，也许会归你所有，风险均等。因此，我们可以平分这32枚金币。但是，另外32枚金币肯定归我所有。"这样一来，他将得到48枚金币，而另一名玩家则得到16枚金币。

这不仅是在计算期望值，还以任何人都无法辩驳的方式证明了这种分配方案的公平性。你确定拥有的部分，就归你所有；对不确定的部分，在概率相等时则双方平分。这是对修道士帕乔利的疑问的明确解答。

接着，帕斯卡表明这个推理过程还可以迭代：

现在，我们假设第一个玩家得到两点，另一个玩家一无所获。接下来，他们将争夺第三轮的胜利。如果第一个玩家获胜，那么他将赢得所有赌注，即64枚金币。如果第二个玩家获胜，赌局就会回到前文讨论过的情况，即第一个玩家有两点，第二个玩家有一点。

我们已经证明，在这种情况下，48枚金币将归那个赢得两点的玩家所有。此时，他们终止赌局的话，这个玩家就会说："如果我赢了，我将获得64枚金币。如果我输了，我也会理所当然地得到48枚金币。因此，先将确定归我所有的48枚金币给我，因为即使我输了，这些金币也是我的；然后我们再平分剩余的 16 枚金币，因为我们得到这些金币的概率均等。”也就是说，他将得到 56（48 + 8）枚金币。

现在，我们假设第一个玩家得到一点，第二个玩家一无所获。瞧，费马先生，如果他们开始第二轮，就会出现两种可能的结果。如果第一个玩家获胜，他就会拥有两点，而对手仍然一无所获。根据前文讨论的结果，他将得到 56 枚金币。如果第一个玩家输了，他们的点数之比就是 1 : 1，他将得到 32 枚金币。因此，这名玩家肯定会说：“如果此时终止赌局，就先从 56 枚金币中把我肯定会得到的那 32 枚金币给我，然后我们再平分剩下的金币。从 56 枚金币中拿走 32 枚，还剩 24 枚。我们平分之后，各得 12 枚。12 枚加上之前的 32 枚，我应该得到 44 枚金币。”

这是公平分配的一个递归过程。接着，帕斯卡又分析了点数要求较高的赌局，并给出了这个问题的一般解。

附录 2　抛硬币的物理学原理

从罐子中取鹅卵石、抛硬币、掷骰子和洗牌都是基本的概率模型，那么，这些模型与现实世界中的相应活动有什么关系呢？这些基本模型还经常被应用于复杂得多的环境，计算事件发生的概率。比如，伯努利就曾利用这类模型，对两名网球选手连续得分的情况进行了研究；托马斯 · 吉洛维奇（Thomas Gilovitch）、阿莫斯 · 特沃斯基（Amos Tversky）和罗伯特 · 瓦隆（Robert Vallone）[15] 则利用它们来研究篮球运动员的“热手效应”。但问题是，这些研究难道不应该兼顾物理学和心理学两个方面吗？

上面提到的这些例子都有据可考。我们先来看单次抛硬币的情况，以便让大家有一个初步认识。然后，我们因势利导去分析其他例子。

让我们看一下抛硬币的物理学原理。[16] 当硬币从手上弹起时，它有一个向上的初速度 v（英尺/秒）和一个翻转速度 ω（转/秒）。牛顿告诉我们，如果 v 和 ω 已知，那么硬币下落需要的时间以及落下后是正面还是反面朝上都是确定的。模型中硬币的相空间如图 1–4 所示。

单次抛硬币相当于这个平面上的一个点。考虑图 1–4 中的这个点。它的初速度很快（因此，硬币的上升速度很快），但翻转速度很慢。因此，被抛起的硬币就像手抛比萨一样，几乎不会翻转。同理，v 小、ω 大的点的翻转速度很快，但由于被抛起的高度不够，也可能连一次翻转都无法完成。因此，如果初始状态的硬币位于靠近两条坐标轴的区域，它就不可能翻转。

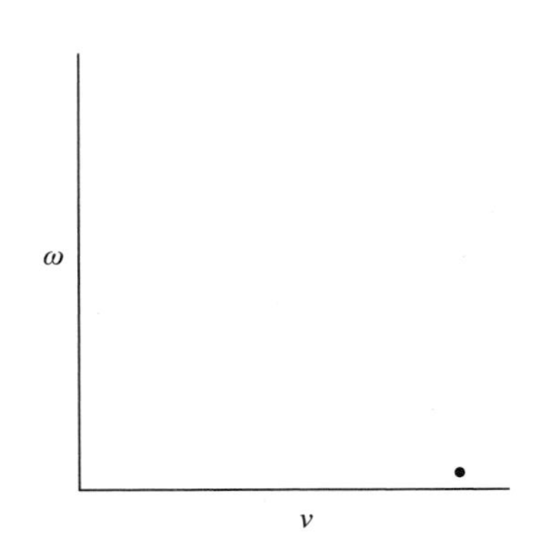

图 1–4　单次抛硬币的 v–ω 平面

邻近这个区域的依次是硬币翻转一次的区域、硬币翻转两次的区域，依此类推。完整的图形如图 1–5 所示。

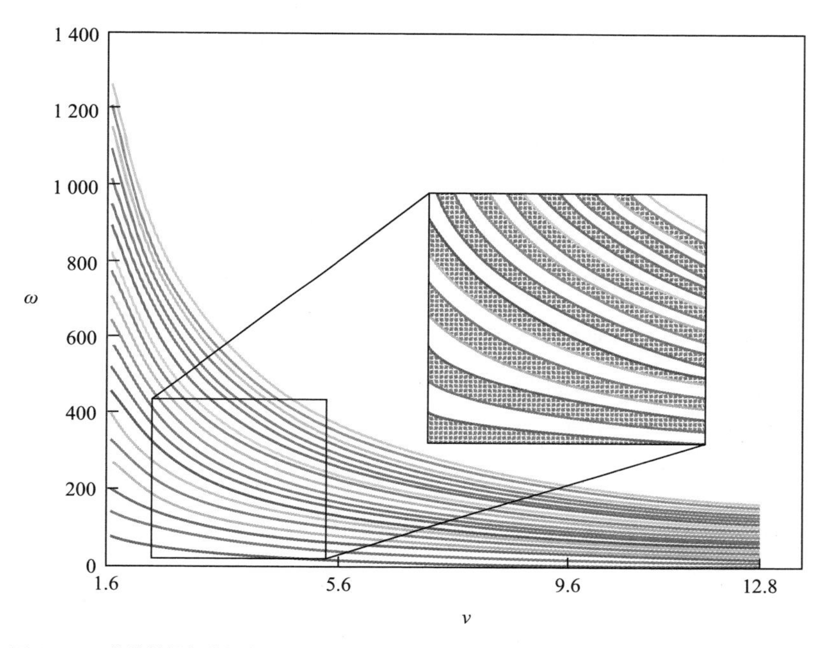

图 1-5 双曲线使得部分相空间变得泾渭分明。阴影区域对应的是使硬币正面朝上的初始状态，空白区域对应的是使硬币反面朝上的初始状态。翻转速度的单位是转/秒

认真观察图 1–5（并运用一些简单的数学知识），就会发现图中远离 0 的区域彼此逐渐靠近。因此，初始状态的小变化会带来正面朝上或反面朝上的不同结果。

要做进一步分析，就必须知道下面这个问题的答案：当真实世界的人抛真正的硬币时，与之对应的点在图中的哪个位置？我们做了一些实验，结果发现一次正常的抛硬币大约需要 1/2 秒，硬币的翻转速度大约为 40 转/秒。根据图 1–5 中的单位，初始速度的值大约是 1/5，非常接近零；而翻滚速度 ω 为 40 个单位，远远超出了该图的范围。根据该图的数学含义，我们知道这些区域彼此接近的程度。再结合我们做的实验，可以看出：抛硬币的公平程度可以精确到小数点后两位，但不能精确到小数点

后三位。

上面分析的是一种简单模型的情况，它假设硬币将沿着一条穿过其自身的轴翻转。事实上，真实硬币的情况要复杂得多，是一种独特的进动。论文《抛硬币的动态偏差》(*Dynamical Bias in the Coin Toss*)[17]在设定大量的附加条件并参考大量文献资料的基础上，对硬币的运动方式进行了全面细致的分析。分析结果表明，大力抛掷普通硬币会有微小的偏差，开始时朝上的那一面在落下后仍然朝上的概率大约是 0.51。

这些分析给了我们什么启示呢？标准模型可以非常近似地模拟真实情况。要想探测出 0.50 和 0.51 之间的差异（也就是说，要精确到小数点后两位），我们需要用标准模型进行大约 25 万次抛掷。我们希望标准模型的其他一些实例同样有效。伽利略的骰子与抛硬币的情况类似，而轮盘赌和洗牌则是另一种情况！[18]

对简单的抛硬币进行诚实分析竟然会让我们陷入如此复杂的局面，那么，按照莱布尼茨和伯努利的设想，对需要技巧的游戏进行概率分析，或者将概率应用于医学和法律领域，情况会不会更加复杂呢？伯努利非常赞同下面这个观点：

> 请问，人世间疾病的种类如此繁多，可以在任何年龄侵袭人体的无数部位，或者预示死亡即将降临，那么，这些疾病的数量到底是由什么人决定的？谁可以决定哪种疾病（比如，是瘟疫还是水肿，或者是水肿还是发热）更容易杀死我们呢？谁又能在此基础上预测未来的生死呢？同样地，谁可以计数空气每天发生的数不胜数的变化，并在此基础上预测出它一个月（甚至一年）后的成分呢？
>
> 又或者，谁可以充分洞见人类思想的本质或者人体的奇妙结构，从而敢于在赌博结果完全或部分取决于玩家的机敏度的游戏中，确

定到底哪一位玩家将会胜出呢？在这些以及类似的情况下，最后的结果可能是由一些完全隐藏的原因决定的，这些原因还可以通过无数种方式组合到一起，足以抹杀我们的所有努力。因此，试图以这种方式预测未来的情况，显而易见是疯狂之举。[19]

伯努利认为他的大数定律可以回答这些问题，在接下来的几堂课中，我们将对他的答案是否恰当做出评估，并讨论另外几个可能的答案。

附录 3 巧合与生日问题

我们每个人都会遇到巧合，在这种情况下，我们应该感到惊讶还是担心呢？简单的生日问题（及其变体）已经变成了一个有效的工具，可用作人们的惊讶程度的测量标准。如果 23 人中出现有人生日相同的情况，大多数人都会感到惊讶，但本堂课开头介绍的简单计算告诉我们，根本不需要为此感到惊讶。现在，我们把这个计算方法抽象化，并做进一步延伸。

我们来看一下“手表”问题。最近，有秒针的老式手表变成了一种时尚。我们认为，秒针的位置是“随机的”，即所有秒针完全不同步，指向 1 到 60 秒的可能性完全相等。假设有 N 个人，每个人都戴着一只有秒针的手表。那么，有两个或两个以上人的手表秒针正好指向同一位置的概率是多少？

这是包含 60 个类别的生日问题，而最初的生日问题有 365 个类别。抽象化之后，考虑类别数量 C（在手表问题中，$C = 60$，而在生日问题中，$C = 365$）。一共有 N 个人，他们彼此独立，并均匀分布在 $\{1, 2, 3, \cdots, C\}$ 中。这些数字各不相同的概率是多少？当然，这取决于 C 和 N 的值；如

果 $N = C + 1$，概率就是 0。

我们把这个概率叫作 $P(C, N)$。根据前面的分析，

$$P(C, N) = 1 \times \left(1 - \frac{1}{C}\right) \times \left(1 - \frac{2}{C}\right) \times \cdots \times \left(1 - \frac{N-1}{C}\right)$$

这个公式简单明了，在 C 和 N 的值确定之后，我们就可以用袖珍计算器算出精确的答案。

但这对我们理解这个问题并没有多大的帮助。为方便以后应用，我们可以通过一个简单的近似公式来计算。研究表明，当 $N = 1.2\sqrt{C}$ 时，概率接近 1/2。对手表问题而言，$1.2\sqrt{60} = 9.3$，所以，一场比赛至少有 10 个人赔率相同。但在直觉上，这似乎是一个惊人的巧合。（对最初的生日问题而言，$1.2\sqrt{365} = 22.9$。）

我们用命题的形式来表述这个近似公式。

命题：如果有 N 个人和 C 种可能性，且 N 和 C 很大，则不匹配的概率为

$$P(C, N) \sim e^{-N(N-1)/2C}。$$

证明：在证明过程中，我们需要使用对数的一个简单属性，即当 x 很小的时候，$\log(1-x) \sim -x$。那么

$$\begin{aligned} P(C, N) &= \left(1 - \frac{1}{C}\right) \times \left(1 - \frac{2}{C}\right) \times \cdots \times \left(1 - \frac{N-1}{C}\right) \\ &= e^{\log(1-1/C)+\log(1-2/C) + \cdots + \log[1-(N-1)/C]} \\ &\sim e^{-1/C-2/C \cdots -(N-1)/C} \\ &= e^{-N(N-1)/2C} \end{aligned}$$

当N和C较大时，$N^{2/3}/C$非常小，计算所得的近似值是精确的。

在本书作者之一佩尔西·戴康尼斯（Persi Diaconis）和弗雷德里克·莫斯特勒（Frederick Mosteller）[20]的巧合现象研究中，生日问题应用得更多。他们还运用这些想法，研究多重巧合的情况。比如，要使三个人的生日相同的概率达到 1/2，N应该多大？（答案是：约 81 个人）。

有人试图利用巧合现象大做文章，但我们反其道而行，提供了一种简单的概率模型，供大家比较鉴别。该模型可用于研究教室中的生日匹配现象，而且研究结果真实可信。但是，有的读者可能会用它来研究高级餐厅里的人群。由于人们经常在生日当天被邀请去餐厅就餐，所以在某个晚上出现多个生日匹配现象的可能性非常高。这样一来，我们这个概率模型的假设条件就不成立，所以它无法得出正确的结论。这个警示适用于本章中提到的所有简单概率模型，更多内容详细见戴康尼斯和苏珊·霍姆斯（Susan Holmes）2002 年发表的论文。[21]

第2课

相关性判断就是概率

弗兰克·拉姆齐

我们的第 2 堂课要讨论的第二个关于概率的伟大思想是：判断是可以测度的，而具有相关性的判断就是概率。（下文将告诉大家相关性的确切含义。）在第 1 堂课讨论的经典赌博游戏中，我们是根据对称性做出判断的。我们认为，对称的情况发生的可能性相等。在这一课中，我们将看到关于各种可能情况的判断中隐含的置信度也是可以测度的。在用本堂课介绍的方法测量这些置信度时，我们还将发现，具有相关性的判断同样具有卡尔达诺和伽利略在计数等可能结果时发现的那种数学结构。

我们如何估量下一年金融危机发生的可能性，采用某种治疗方案后病人可以存活下来的可能性，以及被告有罪的可能性呢？如何估量某位候选人在选举中获胜的可能性，发生大萧条的可能性，以及某种草率的政治行为引发战争的可能性呢？在直觉上，我们不可能像在公平的骰子游戏中那样，通过计数等可能情况的数量来计算概率。但是，根据莱布尼茨和伯努利的设想，法律、政治和医学等领域其实恰恰是概率计算最重要的用武之地。这些概率就相当于建立在可获得的最佳证据基础上的置信度，[1] 但这并不意味着它们无法测算。

接下来，我们将通过赌博来讨论概率的估算。在现实世界中，我们在很多情况下除了赌一把以外别无选择。预测市场（prediction market）

或许是一个最简单的例子。比如，有一些网站，你可以在上面押注赌某个特定事件将会发生或不会发生，包括谁将成为某场足球赛、赛马或选举的赢家。预测市场不是一个新发明，早在16世纪就存在赌谁会当选教皇的市场了。[2]在典型的预测市场上，合约被定价为0~100点。任何时候你都可以看到买入和卖出的报价，比如买入56.8点、卖出57.2点。如果你想买入一份合约，你可以立即以57.2点的价格买入，或者报出57.0点的买入价，然后等待愿意接受这个价格的卖家。如果你以57.0点（即57美元）的价格买入一份希拉里·克林顿竞选美国总统获胜的合约，这意味着一旦她竞选成功，根据这份合约你将得到100美元的收益。当然，合约的价格会上下波动。

把当前的市场价格视为市场概率，这是自然而然的事。如果C的发生概率是0.57，这个赌局的期望值就是57美元。也就是说，如果C发生，则收益为100美元；反之，收益为0美元。如果市场价格与概率的计算结果不相符，那么我们应该怀疑有人在从事市场套利活动。我们认为，你的报价（如果价格低于x，你就会少量购入，如果价格高于y，你就会卖出）应该可以准确地反映出你的概率。

大量关于预测市场的信息资料如雨后春笋般展现在人们眼前。购买股票、债券和保险是密切相关的活动，下面列出的这些原则可能对我们从事这些活动有所帮助。[3]

我们将本堂课的正式内容分为两个部分，分别介绍一种简单的方法和一种复杂的方法。就像早期的赌徒那样，对当下讨论的这些问题而言，我们先要假设金钱是价值的量度。有了这个先决条件，我们就可以通过直截了当的方式估算判断概率（judgmental probability），并推断这些具有相关性的判断的数学结构。第二部分则舍弃了这个假设前提，进行了更具一般性的分析。这样一来，“概率和效用都是可以测量的”伟大思想就完整了。这套理论的主导思想是由年轻的天才弗兰克 · 拉姆齐于 20 世纪 20 年代提出的。20 世纪 50 年代，美国统计学家伦纳德 · 吉米 · 萨维奇（Leonard Jimmie Savage）使其得到了全面发展。[4]

部分 I：赌博与判断概率

在测度判断概率时，我们借鉴惠更斯的做法，逆向应用帕斯卡与费马提出的方法。也就是说，我们用期望值来计算概率，而不是通过概率来计算期望值。我们认真考虑某个人愿意在某个事件上押下的赌注，以此估算该事件的期望值。你的判断概率的加权平均值，就是事件的期望值。

具体来说：

> *如果赌局结果为 A 时的收益为 1，反之为 0，A 的概率就是该赌局的期望值。*

如果你为该赌局支付的价格等于 $P(A)$，这可以被视为一次等价交易。如果价格低于 $P(A)$，你就会愿意买入；如果价格高于 $P(A)$，你肯定不愿意买入。因此，根据你的价格平衡点，就可以测算出你对 A 的判断概率。

这种方法很牵强，因为它理想化地假设人们可以毫不费力且准确地区分这些具体情况。但是，我们在做很多决策时，需要完成的全部工作可能只是近似值计算过程的头几个步骤。我们到底能走多远？这个问题没有明确的答案。接下来，我们继续研究这套理想化的理论。

相关性判断

一般而言，判断概率是否具有通过计数得到的数学结构呢？菲尼蒂指出，如果一个人的押注行为是相关的，那么他的判断概率的确具有概率的数学结构。这个基本论点很容易证明。[①]

我们通过理想化的模型来论证这个观点，这个模型的目的只是让人受到启发，因此不需要与真实生活完全一致。假设一个人像赌注经纪人（或者衍生品交易员）那样买卖赌注。如果他的期望值是零，这就是一个公平的赌注；如果他的期望值是正值，这就是一个有利的赌注；如果他的期望值是负值，这就是一个不利的赌注。只要有人找上门来，他便来者不拒，一边买入公平或有利的赌注，一边卖出公平或不利的赌注。在这种情况下，如果若干桩交易以某种方式组合到一起，她就有可能掉入荷兰赌（Dutch book）的陷阱，也就是说，无论在哪种情况下，她都会遭受净损失。我们认为，如果荷兰赌对她毫无影响，她的判断就具有相关性。

比如，假设你问我对弗格霍恩参议员成功连任的判断概率。经过思考之后，我回答说 0.6。然后，你问我鲍比 · 布罗哈德当选的概率，我回答说 0.1。接着，你又问我弗格霍恩或者布罗哈德当选的概率，我回答说 0.9。如果我坚持自己的看法，这些判断概率就不具有相关性。你可以采用荷兰赌的策略，从我这里购买弗格霍恩的获胜概率为 0.6、收益为 1 的赌注，和布罗哈德的获胜概率为 0.1、收益为 1 的赌注，再卖给我弗格霍恩或者布罗哈德的获胜概率为 0.9、收益为 1 的赌注。这样一来，无论最

① 就目前而言，我们在论证过程中假设可以用金钱度量价值，但本章的第二部分将会舍弃这个假设。

终谁获胜，你都可以得到 0.2 的收益。

如果你心地善良，指出我的判断不具有相关性，而不是借此机会牟利，那么我很可能会重新考虑我对这些概率做出的判断。我们都会做出根本不相关的草率判断。有时这无关紧要，但如果赌注非常高，这些判断变得非常重要，又会怎么样呢？举个极端的例子。假设你是一个对冲基金经理，市场上还有其他对冲基金经理。如果你意识到自己的判断不具有相关性，难道不应该自我反思一下吗？

从根本上说，要具备相关性，就必须做到前后一致，在逻辑上同样需要前后一致。一位智者说过："我们都会相信一些前后矛盾的事情。理性讨论的目的，就是当有人说'你认为 *A* 和 *B* 都是对的，但是通过一系列推理，而且你认为每一步推理都没有问题，最终却可能发现 *B* 不是 *A* 的必然结果'时，你会意识到出了问题，想改正它。"

不确定性判断同样如此。当然，这里没有赌注经纪人，也没有人赌博。但和一致性一样，相关性似乎也是一个值得我们关注的标准。

菲尼蒂告诉我们，相关性表明我们的判断具有概率的数学结构。

相关性判断就是概率

如果我们说一个人的判断具有概率的数学结构，就相当于说它们表现出比例的特点。它们是部分置信的比值，最小值为 0。重言式（tautology）是指某个命题在整个概率空间中都为真，其比值为 1。由相互独立的部分（彼此矛盾的命题）构成的组合，整体的比值是各部分比值之和。如果一个袋子里有 20% 的红豆和 35% 的白豆，那么有 55% 的豆子是红色或者白色的。我们马上会看到，有了这个概念之后，我们就可以将概率的数学结构应用于有限的概率空间了。[5]

相关性意味着概率

1. 最小值为零。假设你给出一个命题p，其概率小于 0。那么，你会认为“如果p发生则损失 1，反之没有损失”这个赌注的期望值是正值。

在这种情况下，你无论如何都会遭受净损失。如果p没有发生，你从赌局中得不到任何收获，本钱也拿不回来了。如果p发生了，你就会遭受双重损失，既输掉了本钱，又输掉了赌局。

2. 重言式的概率是 1。假设你认为重言式（即在任何情况下，它都是真命题）的概率不是 1，而是大于或小于 1。如果它的概率大于 1，那么对“如果p发生则收益为 1，反之收益为零”的赌注，你付出的代价将超过 1。而结算赌注时，你只能赢 1，因此你将蒙受净损失。如果你判断重言式的概率小于 1，你就会以低于 1 的价格出售“如果p发生则收益为 1，反之收益为 0”的赌注。结算赌注时，买家的收益为 1，而净损失则由你承担。

3. 相互独立部分的概率可以相加。现在考虑概率的可加性。假设p与q相互独立（它们的合取会导致自相矛盾）。但请注意，“如果p或q发生则收益为 1，反之收益为 0”的协议可以通过直接和间接两种方式实现，直接方式是押注p或q，而间接方式是同时押注p和q。

间接押注的总成本是$P(p) + P(q)$。根据相关性，直接押注的成本应该等于间接押注的成本：$P(p \text{或} q) = P(p) + P(q)$。如果等号两边不相等，那么显然有可能被人利用，以贱买贵卖的方式实施荷兰赌。在满足模型假设条件的情况下，相关性从本质上看就是指可通过不止一种方式实现的赌博协议能够得出一致的估算结果。

概率意味着相关性

如果判断就是概率，赌博的期望值就可以相加。

$$E(b_1+b_2+\cdots)=E(b_1)+E(b_2)+\cdots$$

由于荷兰赌肯定会导致损失，因此它的期望值$E(b_1+b_2+\cdots)$必须是负值，而$E(b_1)$、$E(b_2)\cdots$都是非负值。由此可见，荷兰赌是不可能实现的。如果判断就是数学概率，那么这些判断都具有相关性。

> 当且仅当判断概率具有经典概率的数学结构时，这些判断概率才具有相关性。

概率的更新

我们已经回答了最初提出的那个问题，但是，一旦开启了这种思考方式，它就会引领我们不断深入到这个有趣的领域之中。前面，我们介绍了静态相关性（在某个固定时刻具有相关性的判断概率）的一些特性。接下来，我们介绍动态相关性，即置信度随时间发生具有相关性的变化。首先，我们必须了解菲尼蒂指出的条件赌注具有哪些特性。

条件赌注

对于相关性，菲尼蒂还有一个非常重要的观点，即条件概率与条件赌注之间存在某种联系。[6] 所谓条件赌注，是指一旦条件没有满足，就会被取消的赌注。因此，针对q的条件为p的赌注具有以下形式：

如果p且q，则收益为a（如果p且q，则赌局赢）；

如果p而非q，则收益为$-b$（如果p而非q，则赌局输）；

如果出现其他结果，则收益为0（如果非p，则赌局取消）。

如果某个条件赌注被视为公平的，则估算条件概率，即$P(q \mid p)$，为$b/(a+b)$。

举例说明。弗雷德判断萨拉被提名并成功当选的概率是1/3，因此他认为“如果萨拉被提名并成功当选则赢2/3，反之则输1/3”的赌注是公平的。与此同时，弗雷德判断萨拉获得提名的概率是1/2，因此他认为“如果萨拉被提名则输1/3，反之则赢1/3”的赌注也是公平的。注意，这两个赌注一起构成了萨拉当选的条件赌注，条件是她被提名，估算条件概率为2/3。（如果萨拉未获提名，弗雷德会赢1/3，但也要输1/3，因此他的净收益为0。这与因为萨拉未获提名而取消赌局的结果是一样的。）

现在，我们假设弗雷德的条件赌注的损益情况与这个条件概率不一致。比如，假设他认为以萨拉获得提名为条件的等额赌注是公平的，并采取了这种押注策略，他的做法就不具有相关性。如下所述，他有可能遭遇荷兰赌。

为了使荷兰赌的整个过程一目了然，我们将它分成两个阶段。

阶段1。首先，我们制订押注方案B_1：如果萨拉获得提名并成功当选，我们付给弗雷德2/3；反之他付给我们1/3。再次，我们为弗雷德制订押注方案B_2：如果萨拉获得提名，他付给我们1/3；反之我们付给他1/3。最后，我们以萨拉获得提名为条件，针对她能否成功当选制订押注方案B_3：如果萨拉获得提名并成功当选，弗雷德付给我们 1/2；如果萨拉获得提名却败选，我们付给弗雷德 1/2；如果萨拉未获提名，则取消赌局。下表展现了各种可能情况下弗雷德的损益情况。阶段 1 只是一个有条件的荷兰赌，即只在萨拉获得提名的情况下，弗雷德肯定会蒙受损失。

获得提名	成功当选	B_1	B_2	B_1+B_2	B_3	总损益
T	T	$\frac{2}{3}$	$-\frac{1}{3}$	$\frac{1}{3}$	$-\frac{1}{2}$	$-\frac{1}{6}$
T	F	$-\frac{1}{3}$	$-\frac{1}{3}$	$-\frac{2}{3}$	$\frac{1}{2}$	$-\frac{1}{6}$
F	T	$-\frac{1}{3}$	$\frac{1}{3}$	0	0	0
F	F	$-\frac{1}{3}$	$\frac{1}{3}$	0	0	0

阶段 2。为了把它变成一个完整的荷兰赌，我们可以采用对冲的方式，即再制订一个等额押注方案B_4：如果萨拉获得提名，我们付给弗雷德 1/12；反之他付给我们 1/12。弗雷德认为这是公平的。这样一来，无论选举结果如何，弗雷德的净损失都是 1/12。因此，弗雷德遭遇了荷兰赌。如果希望了解一般情况下的分析结果，可参阅本堂课内容的附录 1。

获得提名	成功当选	B_1	B_2	B_1+B_2	B_3	B_4	总损益
T	T	$\frac{2}{3}$	$-\frac{1}{3}$	$\frac{1}{3}$	$-\frac{1}{2}$	$\frac{1}{12}$	$-\frac{1}{12}$
T	F	$-\frac{1}{3}$	$-\frac{1}{3}$	$-\frac{2}{3}$	$\frac{1}{2}$	$\frac{1}{12}$	$-\frac{1}{12}$
F	T	$-\frac{1}{3}$	$\frac{1}{3}$	0	0	$-\frac{1}{12}$	$-\frac{1}{12}$
F	F	$-\frac{1}{3}$	$\frac{1}{3}$	0	0	$-\frac{1}{12}$	$-\frac{1}{12}$

相关性更新

我们已经讨论了条件赌注和无条件赌注在给定时刻的相关性。当我们得到新的证据时，概率会发生什么变化呢？置信度是否会发生某种具有相关性的变化呢？假设这个新证据是某个具有确定性的命题e。那么，在改变判断概率时，遵循的标准规则是：以e为条件调整原来的概率，并代之以新的概率。这就是所谓的“以证据为条件”（conditioning on the evidence）。从相关性角度看，这种做法有道理吗？我们想要强调的是，我们不再考虑置信度是否具有相关性，而代之以寻找置信度变化规则的相关性。

菲尼蒂对这个问题的讨论比较隐晦，第一个明确提出这个观点的是哲学家戴维·刘易斯（David Lewis）。[7] 以证据为条件，贝叶斯更新（Bayesian updating）就是在新情况下更新概率的唯一具有相关性的规则，而其他任何规则都会为荷兰赌（有时间跨度的荷兰赌，即历时性荷兰赌）大开方便之门。下文将介绍一个模型，它是这个观点的一个精确版本。

模型

知识学家（包括科学家和统计学家）与赌注经纪人一样，在根据证据更新概率时秉持着自己的一套原则，但我们猜测不出它到底是什么。今天，他公布自己的判断概率，并据此买卖赌注。明天，她会先进行观察（得出有限个可能的结果，而且每个可能结果的先验概率都为正）；然后，根据他的更新规则（表达可能的观察结果与修改后的概率之间关系的函数）更新概率，并公开更新规则。后天，她公布修改后的公平价格，据此买卖赌注。

赌徒的策略应该包含两个部分：一是当天有限数量的交易，知识学家根据他的判断概率，认为这些交易都是公平的；二是根据可能的观察结果为后天的有限数量的交易确定交易价格的函数，知识学家根据他的更新规则，认为这些价格都是公平的。

相关的置信度变化意味着以证据为条件

用 $P(A \mid e)$ 表示 $P(A \cap e) / P(e)$，用 $P_e(A)$ 表示 e 被观察到是赌注经纪人根据非标准更新规则（与以证据为条件的规则不同）给出的 A 的概率。假设 $P(A|e) > P_e(A)$[8]，用 δ 表示 $P(A|e) - P_e(A)$。那么，赌徒可以利用下面这个策略实现荷兰赌。

今天：以赌注经纪人认为公平的价格向他报价：

1. 如果 A 且 e，则收益为 1；否则，收益为 0。

2. 如果非 e，则收益为 $P(A|e)$；否则，收益为 0。

3. 如果 e，则收益为 δ；否则，收益为 0。

明天：如果观察到 e，则以当前的公平价格，即 $P_e(A) = P(A|e) - \delta$，向赌注经纪人报价，购买“如果 A，则收益为 1；否则，收益为 0”的赌注。

在这种情况下，所有可能的结果都会导致赌注经纪人损失 $\delta P(e)$。[9]

当然，我们也可以从确定的盈利中拿出一小部分，把它们分摊到各笔交易中，以增加报价的吸引力。这样一来，赌注经纪人就会发现，所有交易在他接受的那一刻就会成为对他有利的荷兰赌。

以证据为条件意味着置信度的相关性变化

如果知识学家的概率更新符合以证据为条件的规则，那么赌徒策略的所有可能收益都只能通过当天的条件赌注来实现。因此，如果他当天的判断概率具有相关性，而且她根据证据更新概率，那么任何人都无法利用荷兰赌从他那儿获利。

置信度的相关性变化就是一致性

但是，我们能不能断定，历时性荷兰赌之所以具有这种威胁，是因为在评估同一目标的两种实现方式时，我们给出的评估结果不具有一致性呢？大家应该对刘易斯的荷兰赌比较熟悉。其中，前两个押注方案是利用两个非条件赌注实现条件赌注。第三个是额度不大的附加赌注，与菲尼蒂用来论证条件概率的荷兰赌相似。

假设我们已经理解了菲尼蒂的论点，并且知道条件赌注的评估结果必须具有一致性。那么，历时性荷兰赌就会变为：我们可以通过两种不同的方法制定符合我们的认知模型的条件赌注。一种方法是在今天以菲尼蒂告诉我们的方式制定条件赌注；另一种方法是等到明天，如果条件（取得证据e）得到满足，就按照明天的价格押注。如果两者一致，就说明我们已经按照以证据为条件的规则改变了我们的判断概率。置信度的相关性变化与以证据为条件的规则是一致的。

相关性更新的延展

上文中的以证据为条件更新概率的荷兰赌，是在一个特定的较为程式化的认知模型中发生的。我们可以放宽模型的限制条件，或者通过多种方式修改模型。事实上，文献资料表明，统计学家和哲学家都曾利用结构化的认知模型来研究相关性。戴维·弗里德曼（David Freedman）与罗杰·普维斯（Roger Purves）撰写的《适合赌注经纪人的贝叶斯方法》（*Bayes Method for Bookies*）[10] 就为我们提供了一个很好的切入点。在这篇文章中，作者没有假设统计人员一定会形成先验概率。此外，作者还指出，如果统计人员的决策行为具有相关性，就会表现出他有先验概率和以证据为条件更新概率的特点。

有的研究还会延伸至证据不确定的情况。在理查德·杰弗里的概率运动学（probability kinematics）模型中，[11] 并没有确定性的证据命题。相反，在证据经验的作用下，证据命题的概率将发生变化，而以证据分类为条件的其他命题的概率则保持不变。因此，对与概率的微小变化有关的更新来说，其一般概念具有丰富的内涵。[12] 此外，杰弗里对相关性与荷兰赌的理解也很到位。[13] 如果你对这些感兴趣，可参阅本章的附录 2。

从数学角度看，荷兰赌的相关定理都是套利理论的一部分。市场扮演着赌注经纪人的角色，以现行价格买入或卖出赌注。如果市场不具有相关性，同样的赌注价格就有可能不同，这为套利者利用市场的不相关性赚取利润创造了机会。如果是预测市场，而且这种不相关性的市场有很多个，套利其实就是荷兰赌。利用套利理论，可以建立既适用于某个时点又适用于某个时间段的一般相关性理论。[14]

由于某些人对利用赌博来证明合理置信度的做法感到不安，菲尼蒂给出了一种基于校准（calibration）的替代性证明方法。[15, 16] 我们希望自己相信的东西都是事实，因此我们给真相赋值 1，给谬误赋值 0。在发现真相之前，你有一定的置信度。假设在发现真相后，你将受到平方误差的惩罚。比如，你认为 $P(A)$ 为 0.9，结果发现 A 为真，则你受到的惩罚是 0.01；但如果 A 为假，则你受到的惩罚是 0.81。

菲尼蒂指出，如果你的判断不具有相关性，那么无论真相如何，你都可以通过相关性的置信度（概率）来降低惩罚的力度。我们来看一个简单的例子。假设 A 和 B 相互独立，那么真相只有三种可能性：两者都是假的；A 真，B 假；A 假，B 真。概率是真相期望值的加权平均。[17] 令 $x = P(A)$, $y = P(B)$, $z = P(A \cup B)$，就会形成如图 2–1 所示的二维图形 $z = x + y$。

相关性观点认为，这些概率与相关性置信度是一致的。假设某些置信度不具有相关性，与这些不相关的置信度对应的点就不在该平面上。根据欧几里得几何学，无论真相如何，在该平面上都一定存在一个十分接近真相的点。这些评分规则有多重应用，天气预报人员用它们来校准自己的预测，专家们则通过它们保证自己表述的观点与自己的真实观点一致。[18]

虽然菲尼蒂证明判断概率的两种方法似乎十分不同，但它们都显示出相同的数学属性，[19] 即各种可能性的加权平均值是概率。如果置信度不是真相期望值的加权平均值（概率为 1 或 0），就有可能导致糟糕的结果——要么为荷兰赌留下可乘之机，要么偏离真相，而且偏离的程度肯定大于所有相关性置信度。

部分Ⅱ：效用与判断概率

金钱不能代表一切，在大多数的人类事务中，用来衡量损益的都不是金钱，而是我们珍视的东西。有时候，两种商品具有互补关系，彼此

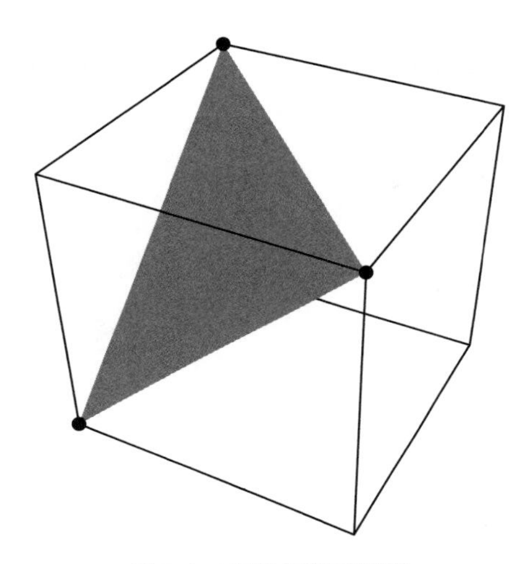

图 2-1 三种结果的可能概率

都可以增加或降低对方的价值，因此在用实物衡量损益时，两个赌注的损益值可能不具有可加性。由于风险厌恶（risk aversion）[①]，即使金钱也不一定能满足荷兰赌的假设条件。如果两个赌注对冲，可能会形成互补关系，因为风险降低了。在现代，效用与金钱之间并不是线性关系。解决这些问题的方法是用效用取代金钱，重建理论。

但是，效用如何测度呢？概率和效用的测度都可以采用非循环方式吗？答案是肯定的，由才华横溢的拉姆齐在一篇著名的论文《真理与概率》（*Truth and Probability*）中给出。不过，我们的故事开始的时间要早得多，经过几番跌宕起伏，才会轮到拉姆齐登场。

---

① 风险厌恶，是指投资者对投资风险反感的态度，可用来测量人们通过付钱来降低风险的意愿。——译者注

效用

明智的人早就知道金钱不是衡量价值的真正标准，但直到尼古拉·伯努利（Nicholas Bernoulli）提出“圣彼得堡悖论”之后，人们才开始关注赌博理论。1713 年 9 月 9 日，尼古拉·伯努利在写给皮埃尔·蒙特莫特（Pierre Montmort）[20] 的信中提出了几个问题，其中包括下面两个问题：

> **第四个问题。**A 向 B 承诺：如果 B 用一枚普通的骰子，第一轮就掷出 6 点，A 就给 B 一枚硬币；如果 B 第二轮掷出 6 点，A 就给 B 两枚硬币；如果 B 第三轮掷出 6 点，A 就给 B 三枚硬币；如果 B 第四轮掷出 6 点，A 就给 B 4 枚硬币，以此类推。请问 B 的期望值是多少？
>
> **第五个问题。**问题同上，但是 A 承诺付给 B 的硬币数目不是按照 1、2、3、4、5…这样的规律增长，而是按照像 1、2、4、8、16…或者 1、3、9、27…或者 1、4、9、16、25…或者 1、8、27、64…这样的规律递增。尽管这些问题大多不难解答，但你会有一些非常奇怪的发现。

蒙特莫特回答道，这些问题并不难，只要求出无穷级数的和即可，而“你的伯父雅各布·伯努利早就给出了这类级数的求和方法”。

尼古拉·伯努利在回信中建议蒙特莫特亲自试一试。虽然第四个问题中的无穷级数之和是 6，但第五个问题中的几个无穷级数之和都是无穷大。这就是伯努利所说的“非常奇怪的发现”。这样的结果意味着什么呢？这个赌博游戏的期望值怎么会大于所有的有限和呢？两个人都困惑不解，于是伯努利向其他人抛出了这个问题。1728 年 5 月 17 日，瑞士数学家加百利·克莱姆（Gabriel Cramer）从伦敦给尼古拉写了一封信：

> 我不知道我是否在欺骗自己，但我相信我能解答你向蒙特莫特提出的那个古怪问题……为了使问题变得更加简单，可以假设B抛硬币。如果B第一次就得到正面朝上的结果，则A承诺付给B一枚硬币；如果B第二次才得到正面朝上的结果，则A付给B两枚硬币；如果B第三次才得到正面朝上的结果，则A付给B 4 枚硬币；如果B第 4 次才得到正面朝上的结果，则A付给B 8 枚硬币，以此类推。计算结果表明，A必须支付给B的硬币数量是一个无穷大量。这看上去十分荒谬，因为所有理智的人可以接受的最大数字都不超过 20。这恰恰是悖论所在。人们不禁要问，数学计算结果与普通人的估算结果之间为什么会有如此大的不同？我认为，其中一个原因在于，数学家是根据金钱的数量来估计价值的，而理智的人依据的则是金钱的效用。

接着，克莱姆提出了两个重要的观点。第一，如果没有无限多的赌资，这场游戏就不可能无休止地进行下去，而且即使赌资巨大，这个赌局的预期效用也不会太大。第二个观点与我们现在讨论的内容密切相关，即真实价值与财富数量不成正比。

> 我们不难发现，如果针对有钱人的主观价值（Moral Value）做出假设，就会得到一个较小的（期望值）。原因在于我做出的假设并不绝对公平，因为 1 亿美元带来的愉悦感肯定比 1 000 万美元多，尽管前者达不到后者的 10 倍。

于是，我们就有了明显不同于货币价值的效用概念，即主观价值。10 年后，尼古拉的堂弟丹尼尔·伯努利（Daniel Bernoulli）在《圣彼得堡皇家科学院评论》（*Commentaries of the Imperial of Science of Saint Peterburg*）上提出了这个问题（即圣彼得堡悖论），并给出了基本相同的答案。此前，丹尼尔从尼古拉那里获悉了克莱姆的研究成果，因此他在论文中明确表示荣誉应当全部归属于克莱姆：

> 那时这位杰出的学者告诉我，著名数学家克莱姆曾针对相同的问题提出过一个理论，而且时间比我的这篇论文早好几年。事实上，我发现他的理论与我的非常相似。我们对这类问题独立给出的答案竟然如此一致，这堪称一个奇迹。

克莱姆和丹尼尔·伯努利也各自提出了具体的效用函数。克莱姆认为效用是金钱的平方根；伯努利则认为金钱增量产生的效用与已经拥有的金钱数量成反比，财富的派生效用等于财富数量的对数。[21] 接着，伯努利又对风险厌恶进行了描述，并讨论了购买保险的合理性。[22，23]

效用的测度

除非效用可以用数量来衡量，否则讨论财富的效用函数将毫无意义。那么，效用如何测度呢？ 19 世纪英国的功利主义者认为这个问题应该由心理学（或者心理学与哲学一起）解决。他们同意克莱姆和丹尼尔的观点，认为金钱每增加一个单位，其效用将随着财富的增多而逐渐减少，并以此作为社会改革的基础。

但在 20 世纪早期，一个实证主义经济学派对这个问题进行了深入研究。他们认为，如果效用无法测度，我们就只能利用比较和主观的语言来描述包含经验内容的效用。比如，对卡尔而言，如果*A*的效用大于*B*的效用，这就意味着卡尔更倾向于*A*。或者说，如果卡尔可以选择，那么他将选*A*而不是*B*。效用标度只具有序数意义，也就是说，任何两个排序相同的效用标度都具有相同的经验内容。

1944 年，约翰 · 冯 · 诺依曼（John von Neumann）和奥斯卡 · 摩根斯特恩（Oskar Morgenstern）出版了《博弈论与经济行为》（*Theory of Games and Economic Behavior*），彻底改变了这个局面。[24] 这部著作通过引入关于概率的经典研究成果，在序数效用论的基础上构建了基数效用论。

假设根据你的偏好，将某些最好的结果称作“好”，将最不好的结果称作“坏”。再假设你对赌博游戏（或彩票）的偏好满足下列条件：“好”的概率为p，其他情况都属于“坏”。我们可以随意选择“好”和“坏”的效用值，但要保证前者大于后者。效用标度（与摄氏度、华氏度等温度标度类似）中的 0 和 1 正好可以满足这个条件。为简单起见，我们将“好”的效用值设为 1，而“坏”的效用值设为 0。

现在，假设对其他任何结果O的效用而言，我们都可以找到一个结果是“好”的概率为p，而在其他情况下结果都是“坏”的赌局，并使p与O这个肯定结果没有差别。[①]然后，令O的效用值等于p，也就是说，O的效用值等于这个赌局的期望效用。由于已经知道结果是“好”的概率，我们可以用期望效用来测算效用。请注意，我们无须抱怨效用的序数性，因为这里只使用了序数判断，尽管判断的范围已经延伸至客观的

① 这个假设条件到底是什么意思呢？不要着急，在后文中我们将会告诉你答案。

赌博游戏。其实，为序数效用奠定量化基础进而产生基数效用的，恰恰是赌博中的概率。

此外，我们有必要指出“赌博”这个词可能带有其他含义，在这里它表示结果的概率分布。因此，本书中可能出现的若干赌局，同样指的是结果的概率分布。我们假定在针对有限个结果押注时，一个个体对所有这些赌局的偏好具有一致性。在这个条件下，我们可以得出一条定理：必然存在一个效用，使赌局的期望效用与该个体的偏好一致。

让我们具体说说偏好必须满足哪些条件。首先，偏好必须能对所有赌局排序。这并不意味着你对两个赌局的偏好一定存在差异，也有可能是一样的。但是，在做比较时不能毫无头绪，而应该说出A与B哪个更好、哪个更差，或者两者一样，这才是一组理想化的偏好。其次，偏好必须具有连续性和独立性。

连续性：如果p优于p'，p'优于p''，则存在概率a，使得

$$ap + (1 - a)p''\text{与}p'\text{没有差别。}$$

独立性：p优于p'的条件是当且仅当

$$\text{对于所有的}a\text{与}p''\text{，}ap + (1 - a)p''\text{优于}ap' + (1 - a)p''\text{。}$$

对独立性定义中的两个赌局来说，收益p''的概率都是$(1 - a)$。它们唯一的区别就在于概率为a时你的收益的不同，所以你的偏好应该是受到控制的，控制因素是概率为a时你对赌局收益的偏好。这就是独立性的内容。

我们并不打算证明偏好的这两个性质，但我们可以对它们的作用原理稍加了解。我们先为赌局制定一个包含“好”与“坏”的效用标度，

效用值就是“好”的概率。现在我们需要说明的是，对那些介于“好”与“坏”之间的赌局而言，效用可以表示你对赌局的偏好排序情况。我们知道你对“好”的偏好程度大于“坏”，但我们还需要证明你对“好”、“好”与“坏”之间的某个非无效赌局、“坏”的偏好程度依次减少。

假设我们有一个非无效赌局“p‘好’$+(1-p)$‘坏’”。

“好”　　p“好”$+(1-p)$“坏”　　“坏”

由于“好”等于确定无疑的“好”，“坏”等于确定无疑的“坏”，而且“好”优于“坏”，因此我们可以应用独立性，

p“好”$+(1-p)$“好”，

p“好”$+(1-p)$“坏”，

p“坏”$+(1-p)$“坏”，

并且断定这些偏好的排序没有问题。在应用独立性时稍微增加复杂度，就可以证明两个非无效赌局的排序情况，即在效用标度上位置较高的赌局优于位置较低的赌局。

在测度“好”与“坏”之间除特殊赌局之外的其他任何赌局q的效用时，我们可以找出一个特殊赌局p，使得p与q对我们而言没有任何差别。于是，我们为赌局q赋予与p相同的效用。为什么我们总能找到这样的参照赌局呢？因为连续性。通过重复应用独立性、有序性和连续性，我们就可以得到完整的适用于有限结果的冯·诺依曼–摩根斯特恩定理。

在上一章我们说过，用金钱论证荷兰赌会引起人们的哲学忧虑。如果我们用冯·诺依曼–摩根斯特恩效用来表示收益，就不存在这个问题

了。不过，我们先用效用来测度判断概率，现在又用判断概率来测度效用，这难道不是在兜圈子吗？

当然不是。我们可以用经典的概率（骰子、公平彩票、幸运转盘等），来测度所有事物对某个人的效用。然后，我们用这些效用来测度她对概率游戏结果以外的其他事情的判断概率，比如明天是否会下雨、选举结果，以及大家是否会失业等。这是弗朗西斯·安斯科姆（Francis Anscombe）和罗伯特·奥曼（Robert Aumann）用一种简洁的方法，于1964年取得的一项成果。[25]

但是，这相当于认定行为人面临的是经典的等可能情况，并规定行为人认为这些情况发生的可能性完全相等。要全面描述行为人的判断，就必须描述所有概率以及源自个人偏好的所有效用。也许你认为这不可能做到，但是，拉姆齐在他的论文《真理与概率》中做到了。[26] 他是如何做到的？

拉姆齐

关于这个问题，我们已经略有了解，但我们还不清楚拉姆齐提出的“伦理中立”的观点。所谓伦理中立，是指命题p本身的真或假对行为人的偏好没有任何影响。也就是说，对任何结果的集合B来说，无论是p为真时的B还是p为假时的B，在行为人看来都没有任何差别。比如，电脑开机所花时间是奇数还是偶数（以毫秒为单位），抛硬币的结果是正面朝上还是反面朝上，这些问题大家会关心吗？通常，我们只关心某些事情，因此伦理中立的命题有很多。从直觉上讲，以伦理中立的命题为前提设立赌局，好处在于它们的期望效用只取决于结果的概率与效用，而其自身的效用并不是复杂因素。

我们可以按照下列方式确定一个伦理中立命题h概率为 1/2。假设有两种结果A和B，并且你对前者的偏好程度强于后者。如果对你而言,［如果h则A，反之则B］与［如果h则B，反之则A］没有任何不同，这个伦理中立命题h的概率就是 1/2。现在，我们为公平的抛硬币游戏找到了一个主观的替代物。这一点非常重要，反复加以利用的话，就可以构建出效用标度。拉姆齐采用的就是这个办法，它与冯·诺依曼–摩根斯特恩定理的区别不大，但提出的时间要早得多。有了结果的效用之后，我们就可以像菲尼蒂那样，用它们来测度那些非伦理中立命题的概率。下面，我们举例说明如何应用这个方法。

赛马

假设有 4 个命题（HH、HT、TH、TT），它们相互独立且完全穷尽。法默尔·史密斯（Farmer Smith）并不关心到底哪个命题是真命题。具体来说，不管他关心的东西最终会产生什么样的结果，他关心的都只是那些结果，而非这些结果到底是HH、HT、TH还是TT产生的。因此，用拉姆齐的术语来表达的话，这 4 个命题都是伦理中立命题。

另外，假设就他关心的东西而言，他对A、B、C、D的偏好程度依次下降，同时下面的赌局

如果HH则A，
如果HT则B，
如果TH则C，
如果TT则D，

以及调整A、B、C和D的位置后形成的其他任何赌局，比如，

如果HH则D，

如果HT则B，

如果TH则C，

如果TT则A，

对他而言都没有任何差别。因此，对他来说，HH、HT、TH、TT具有相同的概率，都等于1/4。（这也许是因为它们在他眼中与质地均匀的硬币的两次独立抛掷一样，而且他做判断的方法与卡尔达诺、伽利略、帕斯卡及费马相同。）

在一场赛马比赛中，斯特波尔与莫莉这两匹马将一较高下。斯特波尔是法默尔·史密斯的马，因此对他来说，斯特波尔获胜与莫莉获胜的命题都不可能是伦理中立命题。这场比赛他可以下注，如果他赢了，就有可能得到一头猪。

他最偏好的结果是得到那头猪且斯特波尔获胜，因此他给这个结果赋予的效用值是1。他最不喜欢的结果是得不到那头猪且斯特波尔落败，因此他给这个结果赋予的效用值是0。下面是他在选择效用标度时面临的任意选择：

1 | 得到猪且斯特波尔获胜，

…

…

…

0 | 得不到猪且斯特波尔落败。

假设某个赌注约定，如果HH或HT或TH，则法默尔 · 史密斯赢得那头猪且斯特波尔获胜；如果TT，则法默尔 · 史密斯得不到猪且斯特波尔落败。对法默尔 · 史密斯而言，“得到猪且莫莉获胜”与这个赌注没有任何区别。所以该赌注的期望效用是3/4，我们可以把它填入效用标度：

1 | 得到猪且斯特波尔获胜，

$\frac{3}{4}$ | 得到猪且莫莉获胜，

…

…

…

0 | 得不到猪且斯特波尔落败。

再假设某个赌注约定，如果HH，则法默尔 · 史密斯赢得那头猪且斯特波尔获胜；如果HT或TH或TT，则法默尔 · 史密斯得不到猪且斯特波尔落败。对法默尔 · 史密斯而言，“得不到猪且莫莉落败”与这个赌注没有任何区别。于是，效用标度就变成：

1 | 得到猪且斯特波尔获胜，

$\frac{3}{4}$ | 得到猪且莫莉获胜，

…

$\frac{1}{4}$ | 得不到猪且莫莉落败，

0 | 得不到猪且斯特波尔落败。

对史密斯而言,“如果莫莉获胜则得到猪，反之则得不到猪”的赌注，与“如果HH或HT，则得到猪且斯特波尔获胜；如果TH或TT，则得不到猪且斯特波尔落败”这个赌注没有任何区别。第一个赌注不是以伦理中立命题为前提条件的，但我们可以认为它的效用值是1。也就是说，第二个赌注（“如果HH或HT，则得到猪且斯特波尔获胜；如果TH或TT，则得不到猪且斯特波尔落败”）的期望效用是$\frac{1}{2}\times 1+\frac{1}{2}\times 0=\frac{1}{2}$。因此，第一个赌注（“如果莫莉获胜则得到猪，反之则得不到猪”）必然满足

$$P\text{（莫莉获胜）}\times\text{效用值（得到猪且莫莉获胜）}+[1-P\text{（莫莉获胜）}]\times\text{效用值（得不到猪且莫莉落败）}=\frac{1}{2}\text{。}$$

我们已经知道这两个效用值分别是3/4和1/4，所以我们现在可以确定法默尔·史密斯为一个非伦理中立命题赋予的判断概率。他认为莫莉是一个同额赌注，即

$$P\text{（莫莉获胜）}=\frac{1}{2}\text{。}$$

拉姆齐从相关性偏好的排序性入手，向我们展示了在确定概率和效用时使偏好与期望效用保持一致的方法。（拉姆齐在他的论文中只是概括地介绍了这个方法，但重要观点都包含其中。）这是关于概率和效用的表示定理。根据人们偏好高期望效用的规则，我们可以用判断概率和个人效用来表示相关性偏好。如果偏好的结构非常丰富，那么在通常情况下概率是唯一确定的，效用值则取决于0和1之间如何选择。

更值得注意的是，拉姆齐完成这项工作的时间早于安斯科姆和奥

曼，也早于冯·诺依曼和摩根斯特恩，甚至略早于菲尼蒂。后来，人们又提出了更加细致周密的概率表示定理，其中最著名的是萨维奇在1954年出版的《统计学基础》(*The Foundations of Statistics*)中提出的方法。[27]

当然，这些效用–概率表示定理中的假设都是高度理想化的。关于这个问题，所有在这个领域做出过重大贡献的人都非常清楚。比如，拉姆齐指出：

> 我没有详细推演其中的数学逻辑，因为我认为这就好比只需保留两位小数，而你却计算到小数点后7位一样。我的推演只能给出数学逻辑可能的作用原理。

但是，对于许多实际事务来说，在计算概率和效用时精确到小数点后两位就已经非常好了，即使只求出一位小数，也比没有要好。

我们已经看到了认为概率论就是一种逻辑（相关性置信度的逻辑）的观点是如何形成的。归根结底，它就是一种语用逻辑，是一种决策逻辑，是在结果不确定的情况下相关性偏好对行为的作用逻辑。因此，我们可以根据有条理的行为人在做选择时的偏好来测度他的判断概率。这又引出了下一个问题：行为人通常有多强的相关性？我们将在下一堂课讨论这个问题。

小结

判断是可以测度的，相关性的判断就是概率。

假设我们有一种测量价值的方法，并且我们根据期望值买入和卖出各种赌注。如果我们赋予期望值的权重与数学概率不符，就有可能掉入荷兰赌的陷阱。如果期望值与概率相匹配，我们就不会给他人以可乘之机。在新证据的基础上，人们可以根据类似的观点，对概率进行更新。

如果还没有找到测量价值的方法，那么我们可以制定一套方法，同时从相关性偏好入手，建立一个判断模型，这样一来，

> 判断就是数学概率，
> 期望值就是效用值，
> 偏好的初始排序与期望效用一致。

附录1　条件赌注的相关性

对任意命题p与q，考虑针对p且q和针对非p的赌注，以及两个赌注的组合结果。如下表所示。

p	q	针对p且q的赌注	针对非p的赌注	组合
T	T	c	$-f$	$c-f$
T	F	$-d$	$-f$	$-(d+f)$
F	T	$-d$	e	$e-d$
F	F	$-d$	e	$e-d$

如果针对非 p 的赌注满足 $d=e$，则结果相当于一个条件投注。[①]

p	q	针对 p 且 q 的投注	针对非 p 的投注	组合
T	T	c	$-f$	$c-f$
T	F	$-d$	$-f$	$-(d+f)$
F	T	$-d$	d	0
F	F	$-d$	d	0

假设每个投注及该条件赌注都被视为公平的，则估算概率为

$$P(p \cap q)=\frac{d}{c+d},$$

$$P(p)=\frac{d}{f+d},$$

$$P(q \mid p)=\frac{d+f}{d+c}。$$

也就是说，$P(p \cap q)=P(p)P(q \mid p)$，或者 $P(q \mid p)=P(p \cap q)/P(p)$。这是概率的乘法法则（通常作为条件概率的定义出现）。

如果条件赌注和非条件赌注彼此相关，那么在市场中加入条件赌注后不会引发任何新变化。利用条件赌注得到的任何损益都可以通过等价的非条件赌注组合来实现，因此不会形成荷兰赌。但是，如果某个人的判断概率导致其用于实现某个条件赌注的两种方式给出不相关的评估结果，那么我们显然可以通过低买高卖的方式形成荷兰赌。所以，相关性问题也是一个关于可通过多种方式实现的赌约的评估结果是否一致的问题。

① 只要条件的估算概率为正值，结果就一定相当于一个条件赌注。

附录 2　概率运动学

假设你在夜间起床，借着从窗户射进来的微弱月光，观察桌子上的一颗豆形软糖。这种软糖有红色、粉色、褐色和黑色等多种颜色。此时的光线不足以让你看清这颗软糖的颜色，但足以让你在各种可能的答案之间游移不定。这是观察结果无法确定的一个例子，没有任何命题可以概括你的观察内容。你也许会说对这种体验的描述就是符合条件的命题，但这样的命题不存在于任何合理的概率空间中，对我们没有任何益处。因此，这是一个关于不确定性证据的例子。

这个例子似乎并不值得我们认真思考，但我们经常会面对不确定性证据。有时，我们需要借助在烛光或月光下的观察来做出一些重要决策。比如，那个微笑意味着什么？或者，严肃一些，想象一下放射科医生观看肺部扫描影像或病理学家解读活检结果的情景。[28] 稍加思考，你就会发现，我们身边到处都是不确定性证据。

我们经常假装自己拥有确定性证据，并做出解读，把不确定性命题视为确定性命题。这种做法有时是无可厚非的，但我们必须承认，不确定性证据的问题值得我们认真思考。

回到豆形软糖的例子。豆形软糖有多种口味，红色的可能是樱桃味或肉桂味，褐色的可能是巧克力味或咖啡味。你的家中有各种各样的豆形软糖，其中大多数褐色软糖都是巧克力味，但也有一小部分是咖啡味。假设你知道褐色软糖是巧克力味的概率，也知道其他颜色的软糖是其他口味的概率。此时，如果你只是观察这颗软糖，而不去品尝它的味道，那么在颜色的概率分布有所变化的情况，以颜色为条件的味道概率似乎应该保持不变。如果是这样，你的置信度就会在颜色的基础上按照理查德·杰弗里的概率运动学发生变化。[在杰弗里和迈克尔·亨德里克森（Michael Hendrickson）所举的病理学例子中，他们把颜色换成了诊断，把味道换成了预后果。]

到底在哪种意义上，相关性的研究与概率运动学有关联呢？我们不妨进一步完善我们的软糖模型。假设你在取得观察结果之前和之后对颜色–味道的匹配情况分别确定了一个概率（P_1 和 P_2）。而且，有人（也从床上爬了起来）走进你的房间，然后打开灯。于是，你确定了第三个概率（P_3）。我们认为你现在可以确定这颗软糖的颜色。

我们需要找到一种说法，以表明你在月光下的观察体验只与颜色有关，或者说，你没有品尝这颗软糖。为达到这个目的，我们可以假设你在开灯后通过观察颜色取得的确定性证据可以推翻你之前取得的不确定性证据。也就是说，你的最终概率与你直接打开灯，通过观察软糖颜色确定的概率（省略了对颜色进行观察并取得不确定性结果的中间环节）是一样的。这种说法意味着，颜色是对确定性证据和不确定性证据的充分分割。

为了实现相关性，可以假设你在更新确定性证据时遵循一种相关性规则。本堂课已经证明，这种相关性规则只能是以证据为条件的规则。那么，根据相关性，以观察到的颜色为条件，可以由 $P2$ 得到 $P3$。再根据相关性和充分性，以观察到的颜色为条件，可以由 $P1$ 得到 $P3$。因此，根据概率运动学，可以由 $P1$ 得到 $P2$（因为以颜色为条件可以保证以该颜色为条件的味道概率保持不变）。[29]

第3课 概率心理学不同于概率逻辑学

阿莫斯·特沃斯基

我们的第3堂课要讨论的关于概率的第三个伟大思想是：概率心理学与概率逻辑学是两门迥然不同的学科。理想化、标准化的假设在实践中经常遭到破坏，判断概率和决策理论在规范性和描述性方面割裂，产生了巨大的分歧。

当然，人们很早以前就知道这两门学科不完全相同，但又普遍认为两者在应用方面十分接近。弗兰克·拉姆齐说他的理论既是精确的逻辑学，又近似于心理学。直到不久前，经济学的主流立场亦如此。期望效用理论可能不是精确的心理学，但它足以担当实证科学的核心决策理论的重任。

确立心理学和逻辑学的范式非常强，因此，作为最早提出心理学与期望效用理论之间存在重大偏差的人，莫里斯·阿莱（Maurice Allais）和丹尼尔·埃尔斯伯格（Daniel Ellsberg）的第一反应是试图对逻辑学进行修改，使之与心理学相匹配。[1] 这毫无疑问，并引发了一些有趣的理论研究。不过，丹尼尔·卡尼曼（Daniel Kahneman）和阿莫斯·特沃斯基通过一系列的研究，有力地证明这两个学科之间有着不可逾越的鸿沟。随着证据的积累，人们终于找到了将实证心理学应用于实证经济学的方法，这一点在当下行为经济学的蓬勃发展中得到了充分体现。[2]

行为经济学可以对公共政策产生影响。如果个体并没有表现出理性经济人应有的行为特点，而政策却假设个体都是理性经济人，就可能会造成不幸的后果。在卫生保健这个重要领域中，政策就有可能会偏离理性决策模型。个体往往会忽视未来的低概率、高风险事件，而过分重视当前的费用。在一项政策分析中，杰弗里·利伯曼（Jeffrey Liebman）与理查德·泽克豪泽（Richard Zeckhauser）指出，由于个体行为的这种特点，医疗保险表现出认购不足的趋势，而传统的经济学理论却预测补贴型保险应该会表现出超额认购的趋势。[3] 他们得出的结论是："如果从行为角度分析医疗系统广泛存在的大范围补贴政策，分析结果就会有本质上的不同。"

如果卫生保健领域、受社会服务影响较广泛的领域（比如公共教育），以及刑事司法系统的消费者心理偏离理性选择，社会政策就很有可能会更加关注心理学。在这里，我们对决策心理学与决策逻辑学进行简单的对比。

图 3-1 丹尼尔·卡尼曼

在前文中我们了解到，拉姆齐于1926年简要阐述了偏好的效用–概率表示定理。如果一个人在面对非常多的可选方案时的偏好符合某些貌似合理的原则，那么在表示这些偏好时，我们可以认为它们源于个人概率和个人效用，其中期望效用高的选择优于期望效用低的选择。

这种表示定理后来得到了证明，其中安斯科姆与奥曼在证明时假设客观概率是可以获得的，而萨维奇与拉姆齐则没有这样做。"某些貌似合理的原则"到底是什么呢？前文中，我们在讨论冯·诺依曼–摩根斯特恩效用时曾介绍过两个重要概念，即有序性和独立性。有序性是指你真的知道该如何选择。对p和q这两个选择而言，你可能倾向于前者，可能倾向于后者，可能不偏不倚。而且，你的偏好是可传递的。独立性是指你对两张彩票的偏好应该只取决于那些可带来不同奖金的结果。在萨维奇和安斯科姆、奥曼的假设中，都包含了以某种形式出现的有序性和独立性。

萨维奇把独立性（确定事件推理）视为理性决策的基本原则，但立刻遭到了法国经济学家莫里斯·阿莱的质疑。[4] 1952年巴黎召开了一次关于风险的会议，组织者阿莱在午饭期间向萨维奇提出了下面两个问题。

问题1 请在下面两个选项中做出选择：

A. 稳赚10亿美元。

B. 有89%的概率得到10亿美元，有1%的概率颗粒无收，有10%的概率得到50亿美元。

问题2 请在下面两个选项中做出选择：

A. 有89%的概率颗粒无收，有11%的概率得到10亿美元。

B. 有90%的概率颗粒无收，有10%的概率得到50亿美元。

（注：原始问题涉及的金额都以百万美元为单位，但考虑到货币贬值问题，我们在这里换成了10亿美元。）

大家不妨花一分钟思考一下，看看应该如何选择。

萨维奇在回答第一个问题时选择了A，而回答第二个问题时则选择了B。阿莱随后向其他与会专家提问了同样的问题，结果许多人（但不是所有人[5]）都做出了与萨维奇相同的选择。到目前为止，这个实验已经重复了很多次，结果一直非常稳定。

如果你的选择与萨维奇（以及本书的两位作者）相同，那么请你再花一分钟时间，想一想你为什么会这样选择。

接下来，我们看看这些选择如何违背了独立性原则。我们把这些选项看作公平彩票提供给我们的选择。一共有 100 张编号为 1~100 的彩票，每张被抽中的概率相同。问题 1 可以重新表述为在下列选项中做出选择：

A. 1~89 号彩票可中奖 10 亿美元	B. 1~89 号彩票可中奖 10 亿美元
+ 90~100 号彩票可中奖 10 亿美元	+ 90 号彩票可中奖 0 美元
	+ 91~100 号彩票可中奖 50 亿美元。

注意，虚线以上部分的赌注对选项 A 和 B 而言是相同的。因此，根据独立性原则，两个选项的不同之处都是由虚线以下部分赌注导致的。

我们删除虚线以上部分的赌注，并代之以金额为 0 的结果：

A. 1~89 号彩票可中奖 0 美元	B. 1~89 号彩票可中奖 0 美元
+ 90~100 号彩票可中奖 10 亿美元	+ 90 号彩票可中奖 0 美元
	+ 91~100 号彩票可中奖 50 亿美元。

这正好可以得到问题 2 的两个选项。选项 A 和选项 B 的虚线以上部分仍然相同，因此，我们在选择时仅需要考虑虚线以下部分。就虚线以下部分而言，第一个问题和第二个问题完全相同。如果你在回答第一个问题时选择 A，而不选择 B，那么根据独立性原则，你在回答第二个问题时也应该选择 A，而不选择 B。

萨维奇在《统计学基础》一书中讨论了这个问题。他说，在得知自己仓促做出的选择违背了确定事件推理原则之后，他回家进行了反思，并修正了他的判断。

假设你回答第一个问题时的思路与萨维奇及本书作者相同，即你认为 10 亿美元已经远超你的需要，超过这个金额的资金可带来的效用基本为零，因此你选择了 A 而非 B。那么，在回答第二个问题时，出于同样的原因，你可能会继续选择 A 而非 B。

假设你在回答第一个问题时的思路与很多人一样，即如果你选择 B，并且不幸地抽到了不可能中奖的 90 号彩票，那么你的心情肯定会非常糟糕（你会觉得自己十分愚蠢，而且无比懊悔），因此你选择了 A 而非 B。如果你真的这样想，那么 90 号彩票的实际收益就不是零，而是负数。如果你在意这些感受，就必须把它们视为结果。如果考虑了这些结果，你的选择就没有违背独立性原则。。

在回答阿莱的问题时，许多人（虽然不是所有人）似乎都违背了看似合理的理性偏好原则。不久，丹尼尔·埃尔斯伯格又提出了一组稍有不同的问题。[6]

为了展示涉及风险（客观概率已知）的选择与涉及不确定性（客观概率未知）的选择有哪些不同，曾泄露美国五角大楼秘密文件[7]的埃尔斯伯格提出了一组问题。在区分这两类选择并强调这样做的重要意义时，他沿用了经济学家约翰·梅纳德·凯恩斯（John Maynard Keynes）[8]和富兰克·奈特（Frank Knight）[9]的方法，后者的方法源自约翰·斯图尔特·穆勒（John Stuart Mill）[10]。埃尔斯伯格的第一个问题清晰地展示出两类选择的不同之处：

有两只罐子。第一只罐子中装有 100 个球，包括红球和黑球，但我们不知道两者的比例。不过，我们知道第二只罐子中有 50 个红球和 50 个黑球。

假设你面对两个赌注：一是从第一只罐子中取出的是一个红球，则赢得 100 美元；二是从第一只罐子中取出的是一个黑球，则赢得 100 美元，你愿意选择哪一个？（受试者对这两个选项的态度通常是没有差别。）

这是人们在面临不确定性（亦称模糊性）时的选择。

假设你面对的是这样两个赌注：一是从第二只罐子中取出的是一个红球，则赢得 100 美元；二是从第二只罐子中取出的是一个黑球，则赢得 100 美元，你愿意选择哪一个？（受试者的典型反应同样是没有差别。）这是人们在面临风险时的选择。

根据主观概率理论，有人在做这些选择时赋予红球和黑球（包括从第一只罐子和第二只罐子中取出的红球和黑球）的主观概率都是 1/2。但现在又出现了第三道选择题：一是从第一只罐子中取出的是一个红球，则赢得 100 美元；二是从第二只罐子中取出的是一个红球，则赢得 100 美元，你会如何选择？

一些受试者认为两个选项没有差别，但许多人强烈倾向于选择第二只罐子，也就是红球和黑球比例已知的那只罐子。如果决定输赢结果的是黑球，他们同样强烈倾向于选择第二只罐子。这是人们在不确定性和风险之间做出的选择。

如果你也做出了这样的选择，就不要急着阅读下文，先花一分钟时间思考一下你的理由是什么。

你的偏好有多强？你愿意押注红球和黑球比例已知的罐子还是比例未知的罐子呢？

受试者对第二只罐子的强烈偏好似乎与预期效用决定偏好的原则不一致。这表明，他们认为在两种情况下，抽到红球和黑球的概率都是相等的。而且，概率之和为 1。但这样的话，从第一只罐子抽取小球的期望收益应该和从第二只罐子抽取小球的期望收益相同。

因此，对埃尔斯伯格问题的常见回答必然至少违背萨维奇的一条原则，但到底是哪些原则呢？我们可以把范围缩小为有序性和独立性。如果你想了解埃尔斯伯格的例子到底违背了有序性还是独立性原则，可以参阅本堂课的附录部分。

如果你在思考这些问题时做出了不同于埃尔斯伯格示例的选择，你能找出其中的原因吗？有些人总是担心在不确定的情况下，自己可能会上当受骗。虽然他们不知道自己会如何被骗，但他们认为自己会被骗。如果你有这种感受，这个问题测试的其实就不是萨维奇原则。

有些人在不确定的情况下做决策会感到不舒服，但在面对风险的情况下做决策却没有这种感受。我们有什么理由认为他们不该如此呢？（还有一些人在不确定的情况下做决策会感到无比激动，而在面对风险的情况下做决策则没有这么强烈的感受。我们又有什么理由认为他们不该如此呢？）但是，如果在回答埃尔斯伯格的问题时有这种心理感受，它们就应该被视为结果的一部分。如果把它们考虑在内，萨维奇原则就不会有反例了。

启发法和偏见

1974 年，阿莫斯·特沃斯基和丹尼尔·卡尼曼发表了论文《不确定情况下的判断：启发法和偏见》（*Judgement Under Uncertainty: Heuristics and Biases*），[11] 对主观效用理论可能重复产生的偏差进行了详尽的描述。之后，他们及其他人通过后续研究又发现了更多的偏差。他们认为，这个领域与心理学的其他领域一样，快速判断都会受到启发法的影响。这些启发法通常是正确、有效的，但在某些环境中它们会产生“认知错觉”，致使人们误入歧途。随着时间和精力的投入，以及对偏见的认知越来越深入，错误是可以修正的：

> 更透彻地理解这些启发法及其造成的偏见，可能有助于我们在不确定的情况下做出比较准确的判断和决定。

这篇论文描述了可能导致偏见的三种启发法，即代表性启发法、可得性启发法以及调整和锚定启发法。根据刻板印象做出的判断就属于第一种启发法，它具有速度快的特点，准确程度通常与一个人的刻板印象差不多，但容易导致人们对不一致的证据视而不见。比如，如果对某个人的描述符合工程师的一般形象，那么无论我们被告知这个人是从多名工程师和少数几名医生当中随机挑选的，还是从多名医生和少数几名工程师中随机挑选的，对我们判断这个人到底是工程师还是医生都没有任何影响。刻板印象会挤出基本信息，只有进行更仔细的思考，才会用上这些基本信息。

第二种启发法根据一个人可以很容易想到的例子数量来判断概率，因此会受到记忆力的影响。比如，清晰的记忆有可能使我们对概率的判断产生偏差。如果新闻报道灌木丛火灾时配有触目惊心的视频，就有可能让我高估灌木丛火灾的发生概率，即使火灾发生在澳大利亚。如果你最近遭遇过某个事件（或者有与该事件相关的遭遇），就有可能高估这类事件的发生概率。恐怖分子擅长系统地利用这种启发法。

第三种启发法是锚定。我们从一个初始数字（锚）开始，经过调整后得到最终的估算结果。能对初始数字提供建议的人，也会影响最终的估算结果。所有的二手车销售员和房地产经纪人都会利用锚定和调整效应。在东方的集市上，讨价还价已经变成了一门艺术，锚定效用有时会被发挥到极致。本书的一位作者在世界各地背包旅行期间，就曾在集市上砍过价。在他把价格砍到要价的一半并准备付钱时，一个当地的朋友说，“等等，这个价格太高了”。又经过一番讨价还价，最终成交价格是初始要价的 1/20。

心理学家知道，由于锚定效应产生的偏差可能会对各种数量产生影响。特沃斯基与卡尼曼指出，如果对两个事件的初始概率的调整不充分，就可能会高估合取概率而低估析取概率。

这篇论文也列举了其他例子，此外，卡尼曼还在他的著作《思考，快与慢》（*Thinking, Fast and Slow*）中给出了更多的例子。[12] 随着证据越来越多，认为主观概率从总体上看近似于心理学的观点越来越不可信。

框　架

1984 年，卡尼曼与特沃斯基在《美国心理学家》（*American Psychologist*）杂志上发表了论文《选择、价值和框架》（*Choices, Values and Frames*）[13]。在这里，我们集中讨论框架。阿莱等人的研究项目直接应用了框架理论，这削弱了萨维奇原则，并建立了一个描述充分的决策理论。

他们通过下列选择题，证实了框架效应（framing effeets）：

框架 I

美国正在为一种即将暴发的致命疾病做防范准备。如果不采取任何行动，预计将会有 600 人死亡。请在公共卫生项目中做出选择。

1. 请从下面两个选项中做出选择：

A. 有 200 人获救。

B. 有 1/3 的概率挽救 600 人的生命；有 2/3 的概率无人获救。

2. 请从下面两个选项中做出选择：

A. 有 400 人死亡。

B. 有 1/3 的概率无人死亡；有 2/3 的概率死亡 600 人。

卡尼曼与特沃斯基在一项调查中提出了这两个问题。他们发现，在回答第一个问题时，有接近 3/4 的人选择A而非B；在回答第二个问题时，有接近 3/4 的人选择B而非A。但事实上，这两个问题的A、B选项并无区别，只不过措辞不同。

研究表明，依据措辞而不是依据内容做出选择的框架效应，普遍存在。特沃斯基及其同事发现，医生和病人在做一些攸关生死的医疗决策时，可能都会尽量小心谨慎，但他们仍然会受到框架效应的影响。[14] 这个现象表明，贝叶斯定理的实际应用可以提高医疗决策的整体水平。这是几名经验丰富的医生开展的一个项目。[15] 在第 6 堂课上，我们将具体介绍贝叶斯定理。

卡尼曼与特沃斯基请受试者选出肺癌的首选治疗方案，但在表述上他们分别选择了生存率和死亡率这两个不同的角度。

框架 II

生存率框架

手术治疗：在 100 个接受手术的人中，术后有 90 人存活，一年后有 68 人存活，5 年后有 34 人存活。

放射治疗：在 100 个接受放射治疗的人中，治疗后所有人均可存活，一年后有 77 人存活，5 年后有 22 人存活。

死亡率框架

手术治疗：在 100 个接受手术的人中，术中及术后有 10 人死亡，一年内有 32 人死亡，5 年内有 66 人死亡。

放射治疗：在 100 个接受放射治疗的人中，治疗期间无人死亡，一年内有 23 人死亡，5 年内有 78 人死亡。

在生存率框架中，有 18% 的人倾向于选择放射治疗方案；而在死亡率框架中，有 44% 的人倾向于选择放射治疗方案。[16]

再一次，由于描述方式不同，内容相同的观点得到的评价却不同。这个现象没有违背独立性原则，也没有违背偏好的可传递性原则，但它违背了相同的决策问题应该激起相同的偏好的原则（通常是内隐的），即不变性原则，它是理性决策的规范原则。

我们看到，人类心理学与理性选择渐行渐远。面对阿莱问题中表现出来的风险厌恶，一些理论家试图放弃独立性原则，以使他们的理论与可观测的行为一致。面对埃尔斯伯格的问题，一些理论家主张放弃独立性原则，还有人主张弱化偏好的有序性要求。有些人认为他们的理论就像心理学一样，是纯粹描述性的；但也有人认为他们的理论是规范性的。但为了与心理学取得一致，似乎还有很多工作要做。①

① 数量庞大且还在不断增加的心理学与行为经济学实验结果表明，有相当比例的人都有系统地违背几乎所有理论的行为。这些实验还表明，违背理论的行为可分为几种，所违背的原则也因人而异。有的人甚至追求期望效用最大化。

特沃斯基与卡尼曼得出的结论是，关于选择的描述性心理学理论和关于选择的规范性逻辑学理论不是一回事。规范性理论（逻辑学）是期望效用理论，而充分的描述性理论与规范性理论之间必然存在系统的可观测的偏差。这并不意味着人们无法学会及在有需要的时候使用逻辑，我们有足够的时间认真思考。这就是卡尼曼所谓的“慢思”。

我们认为《波尔–罗亚尔逻辑》（*The Port–Royal Logic*）最后一章的观点是正确的。下面这段文字引自这本书的第 16 章“关于未来事件我们应该做出的判断”：

> 为了避恶趋善，我们必须对自己应该做什么加以判断。我们不仅需要考虑善与恶本身，也要考虑它们发生或不发生的概率，还要直观地考虑它们在整体中所占的比例。
>
> 这些考虑可能看似微不足道，如果仅此而已，那么确实如此。但是，我们可以让它们发挥重要作用，其中最主要的作用就是让我们更合理地面对希望与恐惧。[17]

期望效用理论是一种可以提高思维能力的工具。

小　结

与其他领域的推理一样，人类在进行概率推理的过程中也经常犯错误。

有些错误具有系统可重复性，虽然不是人人都会犯这样的错误，但犯这些错误的人有很多。这些错误包括阿莱的风险厌恶问题，以及埃尔斯伯格的对已知概率的偏好大于未知概率的问题，卡尼曼和特沃斯基发现的一系列效应将这些问题联系在一起。系统错误可以通过会产生重要结果的决策（比如医疗决策）的相关理论训练予以纠正；出于商业或政策原因，系统错误还有可能被加以应用，比如行为经济学。

某些错误（我们认为它们是错误）违背了理性决策的某个假设，比如独立性或有序性。但卡尼曼和特沃斯基强调，还有一些错误事实上违背一致性。对于相同的选择，框架（收益或者损失）不同，个体的评价结果也不同。

概率心理学和概率逻辑学因此分道扬镳。

附录 1　埃尔斯伯格：有序性还是独立性？

在埃尔斯伯格的例子中，如果受试者同时遵循有序性和独立性原则，就不会偏离期望效用。那么，受试者违背的到底是有序性还是独立性呢？为了回答这个问题，埃尔斯伯格建议我们把第一只罐子中的小球全部标记为“Ⅰ”，把第二只罐子中的小球全部标记为“Ⅱ”，之后把所有小球装到一只罐子中。现在，这只罐子中一共有 200 个小球，一部分是红$_{\mathrm{I}}$，一部分是黑$_{\mathrm{I}}$，还有 50 个红$_{\mathrm{II}}$和 50 个黑$_{\mathrm{II}}$。然后，我们研究一下围绕这只组合罐子设定的各种赌注的偏好情况。下面介绍的方法是由肯尼斯 · 阿罗（Kenneth Arrow）向埃尔斯伯格建议的。

假设有 4 个赌注，收益情况参见下表。由于赌注$_{\mathrm{I}}$和赌注$_{\mathrm{IV}}$中收益为 a 和 b 的小球各有 100 个，因此这两个赌注都只涉及风险，假设对你而言它们没有任何区别。此外，对赌注$_{\mathrm{II}}$和赌注$_{\mathrm{III}}$而言，由于我们没有理由认为抽中红$_{\mathrm{I}}$与抽中黑$_{\mathrm{I}}$的可能性有大小之分，而且这两个赌注具有相同的不确定性，因此可以假设它们对你来说没有任何不同。

	红$_{\mathrm{I}}$	黑$_{\mathrm{I}}$	红$_{\mathrm{II}}$	黑$_{\mathrm{II}}$
Ⅰ	*a*	*a*	*b*	*b*
Ⅱ	*a*	*b*	*a*	*b*
Ⅲ	*b*	*a*	*b*	*a*
Ⅳ	*b*	*b*	*a*	*a*

模糊厌恶（ambiguity aversion）表现为对赌注Ⅰ或Ⅳ的偏好程度高于Ⅱ或Ⅲ，但我们假设你认为Ⅰ和Ⅳ以及Ⅱ和Ⅲ之间没有任何不同。因此，如果你的偏好具有有序性，而且你有模糊厌恶心理，你就会偏好Ⅰ和IV而非Ⅱ和Ⅲ。在这种情况下，你违背了独立性原则。

你对Ⅰ的偏好程度高于Ⅱ。根据独立性原则，你的偏好并非取决于那些收益相同的情况，而取决于下表中用粗体标示的其他情况。

	红$_{\mathrm{I}}$	黑$_{\mathrm{I}}$	红$_{\mathrm{II}}$	黑$_{\mathrm{II}}$
Ⅰ	*a*	***a***	***b***	*b*
Ⅱ	*a*	***b***	***a***	*b*
Ⅲ	*b*	*a*	*b*	*a*
Ⅳ	*b*	*b*	*a*	*a*

同样，你对Ⅳ的偏好程度高于Ⅲ，是因为你的偏好取决于下表中用粗体标示的情况。

	红$_{\mathrm{I}}$	黑$_{\mathrm{I}}$	红$_{\mathrm{II}}$	黑$_{\mathrm{II}}$
Ⅰ	*a*	*a*	*b*	*b*
Ⅱ	*a*	*b*	*a*	*b*
Ⅲ	*b*	***a***	***b***	*a*
Ⅳ	*b*	***b***	***a***	*a*

所有的一切都取决于黑$_{\text{I}}$和红$_{\text{II}}$带来的收益。鉴于此，你对Ⅳ的偏好超过Ⅲ，同时对Ⅰ的偏好超过Ⅱ，从下表可以看出，你的偏好不具有相关性。

	黑$_{\text{I}}$	红$_{\text{II}}$
Ⅰ	a	b
Ⅱ	b	a
Ⅲ	a	b
Ⅳ	b	a

附录 2　动态一致性与阿莱

假设与阿莱一样，你的偏好也违背了独立性原则，那么你有可能面临霍华德·雷法于 1968 年提出的动态一致性问题。[18]

你应该还记得，在回答问题 1 时，你对选项 A 的偏好程度高于 B：

A. 1~89 号彩票可中奖 10 亿美元	B. 1~89 号彩票可中奖 10 亿美元
+ 90~100 号彩票可中奖 10 亿美元	+ 90 号彩票可中奖 0 美元
	+ 91~100 号彩票可中奖 50 亿美元。

而在回答问题 2 时，你对选项 B 的偏好程度高于 A：

A. 1~89 号彩票可中奖 0 美元	B. 1~89 号彩票可中奖 0 美元
+ 90~100 号彩票可中奖 10 亿美元	+ 90 号彩票可中奖 0 美元
	+ 91~100 号彩票可中奖 50 亿美元。

这就会带来一个问题：如果有人告诉你中奖彩票不在1~89号之列，那么你倾向于选择哪个选项呢？也就是说，在下面两个选项中，你倾向于选择哪一个呢？

A′. 稳赚10亿美元

B′. 收益为0美元的概率为1/11
收益为50亿美元的概率为10/11。

假设你倾向于选A′，那么在回答问题2的一个变体时，你就会遇到麻烦。（如果你倾向于选B′，那么在回答问题1的一个变体时，你同样会遇到麻烦。）

在回答问题2时，你对B的偏好超过对A的偏好，但如有有人告诉你中奖彩票不在1~89号之列，你的偏好就会颠倒过来，对A′的偏好将超过对B′的偏好。

假设你拥有问题2的选项A，但你倾向于选B，那么你可能需要付出一定的代价（e），用A从一位友好的经纪人那里交换B。随后，中奖彩票是否在1~89号之列的消息被发布出来。如果在，你就会损失e。在这种情况下，那位友好的经纪人提出，他愿意与你再次交换彩票，但他需要收取一笔较小的费用e'。由于你对A'的偏好超过对B'的偏好，因此你接受了这笔交易。

就这样，你一共损失了$e + e'$。你的经纪人利用你的动态不一致性，从你手中购买资产，再将其出售给你，从中赚取利润。[如果你认为A′与B′没有任何差异，那么你愿意再次交易，但不愿意为之付出任何代价。在这种情况下，经纪人为了完成第二次交易，甚至愿意支付给你$e/2$，即使这样他仍然有收益。] 只要违背了确定事件原则，就有可能遭遇这个案例讨论的情况。

第 4 课

频率与概率之间有什么关系？

雅各布·伯努利

早期从事概率研究的人都意识到，在直觉上依赖等可能情况具有一定的局限性。17 世纪的伟大哲学家莱布尼茨对将新的概率计算方法应用于医疗、法律、商业等实际事务的做法寄予厚望，雅各布·伯努利也抱有同样的想法，因此两个人进行了深入的书信交流。[1] 他们决定从频率入手，为概率判断寻找证据。很多务实的人通常都会采用这种做法。即使在今天，如果你问一位科学工作者“概率为 1/3”意味着什么，他通常会答道：它意味着如果长时间地进行相似的实验，在大约 1/3 的时间里该事件会发生。本堂课将讨论这个答案的优缺点。

莱布尼茨和伯努利本人并没有利用频率来确定概率。对他们来说，概率就是合理置信度的一种表现形式。那么，频率和概率在形式上到底有什么联系呢？雅各布·伯努利运用大数定律，即我们本堂课要介绍的关于概率的第 4 个伟大思想的一个变体，成功地给出了部分答案。

大数定律确立了概率和频率之间的一个非常重要的联系。伯努利在《猜度术》里证明的是大数定律的初始形式，即弱大数定律。[2] 后来，波莱尔（Émile Borel）与坎泰利（Francesco Cantelli）通过加强弱大数定律，提出了强大数定律。不过，强大数定律需要更强大的数学框架。

大数定律这个伟大思想有一个声名狼藉的孪生兄弟。很多科学家认为，概率就是频率，或者说两者非常接近，进一步研究这个问题是不值得的。这个观点因为有一个伟大的孪生兄弟而赢得了很多人的信任。接下来，我们先介绍 17 世纪的那个伟大思想，然后提醒大家注意它的那个声名狼藉的孪生兄弟，最后探讨 20 世纪的频率研究。

雅各布·伯努利与弱大数定律

雅各布·伯努利证明了第一个大数定律。通过足够多次的抛硬币实验，结果为正面朝上的相对频率就有可能无限接近正面朝上的概率。

伯努利想要确定从罐子中取（取后放回）多少次小球，才可以保证相对频率落在概率周围特定区间的可能性达到某个程度。

> 下面，我向大家介绍我举这个例子的目的。假设一只罐子中装有 3 000 块白色鹅卵石和 2 000 块黑色鹅卵石，但你并不知道它们的数量。你决定通过实验来确定鹅卵石的数量（之比），于是你不停地从罐子中取出鹅卵石（每次取一块，然后把它放回罐子中继续做实验，确保罐子中鹅卵石的数量不变），并分别记录取出白色鹅卵石和黑色鹅卵石的次数。实验的目的是弄清楚在经过很多次尝试后，取出白色鹅卵石与取出黑色鹅卵石的次数之比正好是 3 : 2（即两种鹅卵石的数量之比）的可能性，是否有可能达到其他情况的十倍、百倍、千倍乃至更多倍（至少达到确有把握的程度）。

很快，他又采取了一种更加谨慎的说法，宣称这是一个频率是否会落在某个概率区间内的问题。他说，如果频率等于概率，那么多次重复实验只会让事情适得其反。在这一点上，频率和概率明显被视为两个截然不同的事物。

考虑到概率、期望区间以及频率落在该期望区间内的很大可能性，伯努利（根据独立性默认假设）推导出所需实验次数的上限，他称之为黄金定理。随后，伯努利又推导出大数定律。

我们知道，伯努利喜欢在实证研究中使用界限这个概念，但他在这方面做得并不太好，很容易让人联想到大量的实验。《猜度术》以一个例子结尾：已知概率是 3/5，相对频率的期望区间的上限和下限分别是 29/50 和 31/50，频率落在该区间内的期望概率是 1 000/1 001。伯努利的界限表明，如果实验次数至少为 25 550 次，就可以达到这个期望概率。我们拥有这个量级的数据集，但它在伯努利生活的时代却是遥不可及的。[3]

伯努利骗局与频率主义

雅各布·伯努利推导黄金定理的目的是根据经验数据确定概率，因为他深知，通过计数对称性情况的数量来确定概率的做法，在许多领域是行不通的。

> ……试图通过这种方式来确定概率，显然是非常愚蠢的做法。然而，我们可以用另一种方法来达成目标。它虽然无法给我们先验概率，但我们至少可以确定后验概率，也就是说，可以通过反复观察相似例子的结果来获取概率。这是因为我们应该假设，之前在类似环境中发生或者未发生的每一种现象，都有可能在同等数量的情况之中出现或者不出现。

所谓根据频率确定后验概率，指的是在实验次数及成功实验的相对频率等数据已知的条件下，求概率落在某个区间内的可能性。显然，伯努利解决的并不是这个问题。他解决的是根据概率推导频率的问题，而不是根据频率推导概率的反演问题（inverse problem），后者是由托马斯·贝叶斯解决的。

但是，雅各布·伯努利却认为自己解决了反演问题。为什么呢？他借助“确有把握”这个概念，含糊地证明自己解决了这个问题。“确有把握”是指概率非常接近1，以至于人们几乎可以将其视为确定性事件。伯努利的第9条“一般规则或公理”指出：

> 然而，由于完全确定很难实现，因此必要的和惯常的做法是，将确有把握视为绝对确定。

（伯努利提出把999/1 000的概率视为确有把握的合理性标准。）

伯努利认为他已经证明，只要实验的次数足够多，相对频率就确有把握（近似）等于概率。但是，如果频率等于概率，概率也就等于频率。因此，伯努利进一步认为根据频率推导概率的问题也得到了解决。这就是伯努利骗局，它其实根本经不住仔细推敲。条件概率分散在不同方向上，概率的期望区间大小不一，概率落在期望区间之内的概率也不同。

确切地说，伯努利的条件概率是在概率确定条件下关于频率的概率，而不是在频率确定条件下关于概率的概率。

它们指的是概率已知时频率落在特定频率区间内的概率，而不是频率已知时概率落在特定区间内的概率。伯努利给出的是在某一次实验中概率已知情况下频率落在某个区间内的概率，而不是频率已知时概率落在某个区间内的合理置信度。

认为大数定律可以解决反演问题的观点是一个谬论，但它有很强的迷惑性，①尤其是它的非正式表述。而且，这个谬论非常顽固，如果不进行缜密思考，就很容易轻信它。我们发现法国数学家、哲学家安东尼·库尔诺（Antoine Cournot）就掉进了这样的陷阱，[4]他认为小概率事件应该被视为不可能发生的事件。他还认为这一原则（菲尼蒂称为库尔诺原则）是联系概率论与真实世界的纽带。就像伯努利一样，该原则认为我们应该通过大量（独立的？同分布的？）实验的相对频率来确定概率。

这一原则在 20 世纪得到了一些杰出概率论专家的响应，包括埃米尔·波莱尔（Émile Borel）、保罗·莱维（Paul Lévy）、安德烈·马尔可夫（Andrey Markov）和安德烈·柯尔莫哥洛夫（Andrey Kolmogorov）。我们不禁要问，在某种程度上这是否意味着在面对哲学诠释问题时采取了一种避而不谈而不是认真面对的策略。

从字面上看，库尔诺原则是荒谬的。朝着靶子投掷飞镖，飞镖击中任何点的概率都非常小，我们是否可以因此得出结论：对靶子上的任何一点而言，飞镖都根本不可能击中它呢？后来，人们为了回避这个问题，在表述这个原则时做了修改，声称如果某个小概率事件被预先挑选出来，那么它根本不可能发生。也就是说，你需要预先在靶子上挑选一个点。但是，为什么被预先挑选出来就会使得该事件根本不可能发生呢？

---

① 在适当的条件下，它的结论有可能近似正确，但即使这样它也仍然是一个谬论。想要正确评估这个结论，我们需要先了解贝叶斯的观点（参见第 6 课），然后是菲尼蒂的观点（参见第 7 课）。

伯努利骗局与假设检验

现在，伯努利骗局再也无法愚弄任何理论家了，但在大脑中似乎还占有一席之地。假设一家制药公司正在针对一种新药进行随机实验。这种药可能有效，也可能无效。你希望通过已知数据了解它在临床上有效的概率。

用药后病情好转的患者比病情加重的患者多，但这可能只是针对样本人群取得的效果。制药公司调查了该药无效时的患者病情，结果发现他们取得上述疗效或更理想效果的概率非常小。

对那些不懂统计学的人来说，这个结果很容易让他们陷入伯努利骗局：如果药物无效，就“几乎不可能”有这样的结果，因此这种药物是有效的。这个骗局并没有任何新鲜之处（除了“几乎不可能”的结论来得过于容易）。外行人以为通过已知数据算出的是药物有效的概率，但实际上他们知道的是相反方向的条件概率。然而，如此使用p值[①]，是生物学和社会科学出版物的一个检验标准。我们将在介绍托马斯·贝叶斯的那一课继续讨论这种做法可能产生的危害。

该方法论的发明者罗纳德·费希尔（Ronald Fisher）爵士是一位杰出

---

① 或者说，直到最近都是这样。目前，相关改革正在酝酿中。有兴趣的读者可参阅美国统计学会（ASA）的罗纳德·沃瑟斯坦（Ronald Wasserstein）与妮可尔·拉扎尔（Nicole Lazar）于 2016 年发表的声明——《美国统计学会关于p值的声明：背景、过程和目的》。作者在这份正式声明的序言中写道：“我们必须明确指出，本声明涉及的内容对我们来说都不陌生。几十年来，统计学家以及其他人一直在针对这些问题发出警告，但收效甚微。我们希望这份由世界上最大的专业统计学会发表的声明将引发新一轮的讨论，吸引人们对改变统计推断的应用、改变科学实践再一次给予大力关注。”

的统计学家，他对 p 值展现的东西不抱幻想。他十分明确地指出，p 值并不能根据已知数据给出药物有效的概率。他说，它告诉我们的是一种方法，并对这种方法为什么可以满足我们的需要做出解释。但是，这个方法并不是我们想要的，对吧？因为你想要的东西是根据已知数据算出药品有效的概率。

频率学派的中坚力量

不过，一些频率主义者认为伯努利骗局是一个谬论，并试图抛弃它。这不是一件容易的事，但他们没有因此退缩。下面，我们来介绍其中的两位频率主义者：约翰·维恩（John Venn）和理查德·冯·米塞斯（Richard von Mises）。

维恩

维多利亚时期的英国出现过一股猛烈的潮流，认为概率就是相对频率。难道不是吗？相对频率是一个比例，因此，（至少在有限情况下）它遵循概率的相关定律。比如，我的桌上现在有 6 个东西：一顶帽子，两本书，一把伞，一支笔，一个眼镜盒。帽子的相对频率是 1/6，书的相对频率是 2/6，帽子或书的相对频率是 1/2。

但是，维多利亚时代的频率主义者，包括约翰·斯图尔特·穆勒、莱斯利·埃利斯（Leslie Ellis）、约翰·维恩，并未止步于此。他们声称，相对频率是概率的基本意义，有时还认为概率的其他意义根本不重要。

从某种程度上说，这是英国的经验主义者与大陆的理性主义者之间的对抗。穆勒是逻辑学物质观的支持者，主张归纳与演绎并举。行之有效的推理法则之所以有理有据，是因为它们一直在经验世界中发挥作用。算术法则是经验归纳，从这一点来看，穆勒接纳频率就是概率的观点是自然而然的事。在《逻辑系统》(*A System of Logic*)第一版中，他嘲讽拉普拉斯使用先验概率是无知之举。他说："确实需要找到强有力的证据，才能让任何理性的人相信，通过对数字进行一系列操作，我们的无知就会摇身一变成为科学……"其嘲讽之意，从中可见一斑。但在三年后的第二版中，穆勒的论调发生了变化：

> 这是本书第一版所持观点。但我现在确信，由拉普拉斯和其他数学家共同构建的概率理论，并不存在我所说的基本谬误。[5]

接着，他对贝叶斯定理的主观立场表示赞同。

这到底是怎么一回事呢？答案是：穆勒的同事帮他纠正了观点。特别值得一提的是，穆勒在为该书第二版征求意见时，曾与天文学家约翰·赫歇尔(John Herschel)爵士有过书信往来。[6]赫歇尔在回信中称穆勒误解了拉普拉斯，并指出穆勒的频率主义过于简单。密尔在回信中表示他接受赫歇尔的批评，并且说有人提出过类似的批评意见，他将在第二版中重新讨论这个问题。后来，他说到做到。

如果穆勒完全理解并接受赫歇尔的立场，他将不得不大幅改变自己的观点，但事实并非如此。此后，穆勒的立场基本保持不变：总体上是非贝叶斯主义，但局部又有一点儿贝叶斯主义的影子。

最终，全面阐述频率主义观点的任务落到了约翰·维恩身上，他通过《概率的逻辑》(*The Logic of Chance*)一书达成了这一目标。[7]对拉普拉斯及其在英国的重要拥趸奥古斯都·德·摩根（Augustus DeMorgan）提出的置信度概率，维恩也花了大量时间进行抨击。此外，他还试图解决如何正确阐述频率主义的问题。

在合理的系列事件中，概率就是相对频率。多次抛硬币，正面朝上的概率就是正面朝上的相对频率。在诸多新生儿中，男婴的概率就是男婴的相对频率。同样，超过 60 岁的人口概率也是它的相对频率。人们从一开始就很清楚，讨论单一事件的概率毫无意义。抛硬币时，我们讨论的不是这枚硬币正面朝上的概率，而是一系列实验中正面朝上的频率。同样，我们讨论的也不是你的下一个孩子是男孩或者简可以活过 60 岁的概率，而是它们的频率。

但是，要把这个理论阐述清楚，我们还需要再具体一些。系列事件的种类与持续时间需要满足哪些要求呢？我们从骰子这个简单的例子说起。如果把一枚骰子掷 10 次，得到的结果是 2、2、6、1、4、3、6、2、5、2，那么掷出两点的概率是不是 4/10 呢？似乎并不是。投掷 20 次呢？应该投掷多少次呢？显然，只有投掷无数次才可以，这就是维恩的最终结论。概率是实验次数趋于无限时相对频率的极限。大家可能已经为逻辑学的物质观感到担忧了。现实世界中真的有无数个这类事件吗？

求相对频率极限的做法引发了一些数学问题。关于这些问题，我们简单地提一下，然后将其放到一边。第一，有的系列事件的相对频率没有极限。随着系列事件的不断进行，相对频率会发生波动，而且永远不会趋近于某个极限。第二，相对频率极限通常不仅取决于实验本身，还取决于它们的先后顺序。第三，相对频率的极限可能不具有像有限的相对频率那样的可加性。以整数数列为例。每个整数的相对频率的极限都为 0，但作为整体，它的相对频率的极限为 1。无穷析取的概率不是析取项概率的无穷和。

我们需要了解的另一个问题是，序列中可以包含什么类型的事件。假设有很多枚骰子，有的质地均匀，有的奇形怪状，而且投掷方法多种多样。在定义概率时是不是应该将所有的投掷序列都纳入考虑呢？显然不是，我们希望使用同一枚骰子和相同的投掷方法。因此，假设我们使用同一枚骰子和同一种投掷方法。但是，正如维恩指出的，如果我们在现实世界中不断地投掷同一枚骰子，它的性质就会发生改变。由于磨损，它的边和角都会变圆。这样一来，它就会变成一枚不一样的骰子。在系列实验中只有所有相关因素都保持不变，我们才可以说它们是相同的实验。但在现实世界中，这似乎是不可能的。因此，即使现实世界中可能有无穷事件序列，序列中所有事件保持适当相似性的要求，也会与实验的无穷序列要求相互冲突。如果掷骰子存在这个问题，那么新生儿性别、人口寿命、赛马或选举结果存在的问题是不是更多呢？

于是，维恩被推向一个相对频率的假设观点：这枚骰子掷出6点的概率就是它被投掷无数次，而且骰子本身、投掷方法等所有相关条件均无变化时的相对频率的极限。逻辑学物质观被迫将概率定义为反事实概念！此外，相关条件概念似乎有点儿模糊不清。在牛顿的世界里，如果掷骰子的方法保持不变，结果就一定相同（阿布斯诺特也是这样认为的）。那么，所有概率是不是或者为0，或者为1呢？

维恩并不这样认为。如果一枚质地均匀的硬币被抛掷了无数次（且质地仍然均匀），相对频率的极限就应该是1/2。这是因为我们把这枚硬币抛掷无数次，从而得到一个特定的正面朝上和反面朝上的序列，它的相对频率的极限是1/2；还是因为这个反事实假设会得出一类序列，它们的相对频率的极限都是1/2呢？

我们似乎在围绕着大数定律跳舞。难道大家还没发现我们的问题已经得到解答了吗？如果概率相同，实验的相似性就很高，再加上实验是彼此独立的，在概率为 1 时，相对频率的极限就存在，并且等于单次实验的概率。维恩的观点是不是伯努利骗局呢？

当然不是！请注意前文论述中出现的“概率”一词，既提到了某一次实验的概率，并假设单次实验的概率不会随实验次数发生变化；又提到了实验的独立性；此外，它还说相对频率等于单次实验的概率。根据维恩的频率主义，所有这些概率都不合乎逻辑。因此，维恩不可能接纳大数定律！

维恩也坦承认了这一点，我们从下文中可见一斑：

> 熟悉概率的读者当然了解雅各布·伯努利的那条著名定理。该定理只列举了一些特殊的例子，通常的表述如下：从长远看，所有事件的发生频率都与它们的客观概率成比例。由于该定理的数学证明不在本书[①]的写作范围之内，我在此就不赘述了。但是，无论前文中对它的批评是否有价值，其数学基础都是有缺陷的，因为被我们称作客观概率的东西根本就不存在。
>
> 如果可以根据某些人对该定理的诠释和应用加以评判，那么我们有理由认为它就是现实主义最后的遗物。现实主义在其他领域走投无路，但在概率这个偏远的角落里苟延残喘。

换句话说，脚踏实地、奉行经验主义的维恩认为，世界上没有概率，而只有频率；如果概率论的大部分内容都说得通，那可真是谢天谢地！但我们已经看到，在最后的分析中，维恩的相对频率极限观点在这个世界上同样行不通，它只存在于由相似实验的无穷序列构成的假想世界中。

---

① 指《概率的逻辑》一书。——编者注

那么，这个假想世界与现实世界有什么关联呢？

频率主义还有一个悬而未决的问题，即如何像马库斯·西塞罗（Marcus Cicero）所说，让概率成为人生的指南。作为频率的概率，对置信度和理性决策如何发挥作用呢？维恩认为这是一个必须解决的问题，他的答案大致是，我们应该将一系列相似事件的相对频率视为单一事件的置信度：

> ……我们用各种常用说法描述我们对不同事件的不同置信度。毫无疑问，它们肯定有某些意义。但是，其中的大部分意义或者正当的理由，只能在它们所属的一系列事件中找到。

之前的问题再次摆在我们面前：我们如何在避免循环论证的前提下定义相似事件呢？从直觉上看，我们希望它们具有相同的概率。任何单一事件都可以归属于任意多个系列或类别。如果你想确定谁将赢得选举的判断概率，以下哪个系列是合适的呢：是所有选举、你们国家的所有选举，还是像此次选举一样具有x、y、z、w等特性的所有选举？很快，你可能只剩下一个选择，即只有一种元素的系列。于是，相关系列仍然只是一个虚构的无穷数列。

我们不妨承认这个理想化的情况是合理的。在这种情况下，维恩似乎会断言，如果某个人的置信度与相对频率一致，一个公平赌注的无穷系列的收益极限就是公平的。他也会断言，期望值可以通过平均值的极限来确定。

维恩无权做出这样的断言。假设某个理想化的抛硬币序列的正面朝上的相对频率极限为1/2。任何赔率相等的赌注都是公平的。假设每次抛掷时，一个行为人——不走运的乔）都会下注，而且总是输。你也许想说这不可能发生，但频率论根本没有排除这种可能性。你也许想说发生这种情况的概率是零，但现在你需要一些无法通过观察确定的概率，才能陈述你的假设，用作你的证据，最后得出结论。

维恩的概率即频率的观点留给我们很多问题。有些问题与该理论的数学结构有关，有些则与它的形而上学有关，因为该理论本质上就是一个关于反事实或者虚构系列的理论。此外，还有许多问题与该理论和实际频率以及在决策中的实际应用之间的联系有关。

虽然维恩的理论看似漏洞百出，但值得称赞的是，他本人非常清楚其中的大多数问题所在。

冯·米塞斯

从《概率论基础研究》(*Grundlagen der Wahrscheinlichkeitsrechnung*) 一书开始，冯·米塞斯就着手为概率论奠定合理的数学基础。1900 年，戴维·希尔伯特（David Hilbert）在巴黎召开的国际数学家大会上发表了著名的演讲。他列举了数学在下个世纪应该努力解决的 10 个问题（后来增加到 23 个），其中第 6 个问题是对物理公理进行数学处理。希尔伯特特别强调了概率在统计物理学中扮演的角色：

> 关于几何学基础的研究提出了如下问题：以同样的方式，即公理化手段，处理那些数学在其中发挥着重要作用的自然科学，排在前列的就是概率论和力学。
>
> 在对关于概率论的公理进行逻辑研究的同时，应该大力发展数学物理学，尤其是气体动力学理论，采用的平均值法。在我看来，只有这样才能取得令人满意的成果。

冯 · 米塞斯的研究不是因维恩而起，而是因为他响应了希尔伯特的号召。他认为，与玻尔兹曼（Ludwig Boltzmann）统计物理学关系最密切的是数学频率。但是，维恩的非正式观点需要借助一位真正的数学家的头脑来提高精确度。冯 · 米塞斯将概率解释为某类无限序列的相对频率，在统计物理学中恰好可以找到这类理想化的序列。这类序列被称作"集合"（Kollektiv），它展示了维恩强调的局部无序和整体有序的直觉观念。

整体有序意味着存在相对频率极限。冯 · 米塞斯并没有像维恩那样，简单地假设相对频率有极限，而只能假设它是集合的一个定义属性。局部无序是由随机性要求决定的。

随机性是什么？我们讨论的不是随机性过程，而是随机性的外延意义。比如，我们可能会说某个给定的正面朝上和反面朝上的无穷序列具有或不具有随机性。是否具有随机性不是一目了然的，可能需要借助不同的方法来判断。冯 · 米塞斯认为，如果一个序列真的具有随机性，那么在按照特定方式选取的子序列中，相对频率应该保持不变。比如，严格的交替序列 HTHTHTHTHT…不具有随机性，因为在由它的奇数项构成的子序列中，H 的相对频率是 1；而在由它的偶数项构成的子序列中，H 的相对频率是 0。

这种表述非常粗糙，但这种标准的作用十分强大。如果一个正面朝上和反面朝上的无穷序列的相对频率既不是 0 也不是 1，这个序列就包含所有元素均为正面朝上和所有元素均为反面朝上的子序列。选择子序列的方法需要以某种方式进行严格控制。冯 · 米塞斯考虑采用位置选择函数（place–selection function），将序列的起始段映射到 0（包含）或 1（不包含），其主导思想是不可预测性。冯 · 米塞斯的深层动机，即他认为结果相同的原因是赌博系统的不可能性。如果抛硬币集合中正面朝上的相对频率是 1/2，那么从长远看，采用赔率相等的下注策略应该是赚不到钱的。

但是，哪些函数可以用作位置选择函数呢？如果我们允许使用集合论意义上的所有函数，那么对任意序列而言，都可以通过某些函数选出所有元素均为正面朝上和反面朝上的子序列。对一个给定序列而言，该函数可以将正面朝上的起始段映射到“包含”，将反面朝上的起始段映射到“不包含”。这就是你需要的位置选择函数，而且它是集合论意义上的函数，尽管你得到这个函数的方法可能让你感到不舒服。这种异议立刻让冯·米塞斯备感压力，但最终他认为这仅与位置选择函数的某个可数集（他没有具体指明）有关。关于函数，冯·米塞斯的头脑中确实有一个更严格、更富有内涵的概念，但他没有办法使之精确化。

这种异议引发了关于理论一致性的问题。非平凡集合到底存不存在？1936 年，亚伯拉罕·瓦尔德（Abraham Wald）指出，对位置选择函数的任何有穷集或可数无穷集而言，都存在被它们判定为集合的序列。事实上，这种随机序列有不可数无穷多个。如果对位置选择函数加以限制，随机序列就寻常可见。和冯·米塞斯一样，瓦尔德的目的是确定一个有内涵、有建设性的函数概念。

到了这一步，研究陷入僵局，给人一种如骨鲠在喉的感觉。人们需要找到一类自然的位置选择函数，以便产生具有良好性质的随机序列。1940 年，阿隆佐·邱奇（Alonzo Church）提出利用可计算性理论来解决这个问题。这是一种新理论，邱奇也是该理论的创建者之一。位置选择函数应该是可计算的。将序列的起始段输入计算机，计算机将会告诉我们下一个元素是否包含在子序列中。用这种方式挑选位置选择函数，似乎非常自然。根据瓦尔德定理，由于可计算的位置选择函数是可数的，因此与这种函数有关的随机序列是存在的。

故事讲到这里似乎就要结束了，但是，让·维勒（Jean Ville）于

1939 年又提出了一个难题。某些序列并不具有我们认为真正的随机序列应该具有的所有特性，但在可计算位置选择函数下的相对频率却可以保持不变。维勒还特别指出，对任何一类可数的位置选择函数而言，都有一个集合与之对应，该集合的相对频率是 1/2，但除了数量有限的起始段外，其余元素的相对频率不小于 1/2。相对频率从上方逼近极限，而没有发生人们预期的上下波动。这为冯 · 米塞斯最初希望排除的赌博系统留下了很大的可能性。事实上，瓦尔德为证明集合概念的一致性而构建的这个序列恰恰具有这个性质。

正如冯 · 米塞斯认为的那样，相对频率在位置选择函数下保持不变，并不能确保赌博系统的不可能性。这就留下了一个非常有趣的问题，即为随机序列下一个令人满意的定义。我们将在后面的第 8 堂课继续讨论这个问题。

对理想化方法的再思考

像维恩一样，冯 · 米塞斯对真实事件序列的有限性和不完美性也很敏感。而且，他对集合与现实世界之间的关系进行了深入的讨论。冯 · 米塞斯认为，集合的地位与科学研究中使用的其他数学理想化方法没有区别：

> 尽管几何学对直线与球面的定义都非常抽象，直线是根据相关公理定义的，球面则是通过球面上所有点与一个固定点之间的距离都相等的性质（在实例中无法验证）来定义的，但用几何学推导出来的直线和球面之间的关系却可以应用于建筑等领域。当然，在这一过程中，精确性和无误性也会丧失。

集合同样如此：

> 为了理解概率的“科学”理论，我们必须始终牢记它与几何学十分相似。

数学科学理论与世界的关系是一个深奥的问题，我们不知道这个问题是否有一个明确的答案。也许，它在不同的应用中会有不同的答案。举个具体的例子。物理测量发现，真实的线段近似于直的，这与检查有限数量的起始段后发现某个序列近似于随机的，或者发现它的相对频率极限近似等于 1/2，是不是十分类似呢？在前一种情况下，尽管我们的测量不精确，但我们至少可以建立边界，而在后一种情况下，我们则做不到这一点。

我们是不是在任何情况下都能找到某种方法，把数学与现实联系起来，又或者我们的讨论只能停留在非正式层面上？在这个问题上，其他观点也需要纳入考虑范围。最后，如果数学理想化方法总的来说是可行的，为什么概率论又要仅限于集合呢？更具一般性的概率理论在应用上是否可以拥有类似的地位呢？

客观概率既适用于单一情况，也适用于类别更广泛的事件，我们是不是应该只把客观概率视为理论科学实体呢？一次抛硬币有一定的概率可以得到正面朝上的结果，系列实验有一定的概率可以得到某些结果序列。这些概率也许能表明这些实验都是独立的，也许不能。我们仍然可以利用频率证据来证明概率模型的有效性，这被称作概率论的倾向性观点。它似乎与法国数学家弗雷歇（Fréchet）的观点不谋而合，[8] 费雷歇认为概率是世界上客观存在的物理量。

适合构建概率模型的数学框架是测度框架（我们将在第 5 课讨论），而不是冯 · 米塞斯的集合框架。

小 结

频率与概率之间有什么关系？伯努利（以及后来的波莱尔）依据大数定律给出了部分答案。单一情况的概率在陈述与证明概率论时具有非常重要的作用。维恩和冯·米塞斯推导得出的关于概率的观点，似乎得益于他们的频率主义。

冯·米塞斯认为，某些无穷序列通常（概率为 1）可以利用独立的同分布实验得到。在冯·米塞斯、瓦尔德和邱奇之后，客观随机序列的概念开始出现。这个概念具有一定的数学精确性，但在维恩看来，如果把它视为对概率的一般性描述，还存在明显的缺陷。

频率主义极大地限制了概率论的范围，因此我们认为用它来一般性地描述概率是不恰当的。但在频率主义观点的发展过程中，我们发现了一个深层次的问题：随机序列的本质是什么？

此外，在解释频率主义时又引发了这样一个问题：理想化与现实之间有什么关系？之所以会产生这个问题，是因为理论的发展不仅需要现实世界中的真实频率，还需要理想化的无穷序列的相对频率极限。但是，只要理论中包含理想化的概率，频率主义就要面对这个问题。这个问题有原则性答案吗？在后面的几堂课上，我们将一一回答这些问题。

第5课

如何用数学方法解决概率问题？

安德烈·柯尔莫哥洛夫

我们的第5堂课要介绍的伟大思想是，将概率论的建立视为现代测度论和积分论中的一个数学组成部分。20世纪早期，随着测度论的发展，这项工作变得越发重要。1933年，安德烈·柯尔莫哥洛夫出版的一部专著为它画上了句号。[1] 在讨论柯尔莫哥洛夫的贡献之前，我们先讨论一下当时的背景以及有穷集问题（有一些东西仍然值得我们思考）的数学处理方法，并对无穷版的大数定律进行初步介绍。

在数学和现实之间 I

即使在今天，数学和概率之间的关系也是一个有争议性的热门话题（事实上，数学与任何应用科学领域之间的关系都如此）。为了理解这个问题，我们来看一个典型的概率问题：假设$X1$，$X2$，…是独立的随机变量，那么…的概率是多少？由此，我们会自然地想到一个问题：随机变量是如何定义的？我们在今天的很多教科书中都可以看到这样的定义：随机变量是随机量的观测值。这到底是什么意思？理论怎么能建立在如此模糊的基础之上呢？

任何科学的初学者都可能面临类似的困难。我们以基础力学为例。对大多数人来说，长度和时间不难理解，速度和加速度（甚至质量）也不难理解。但是，力呢？力并不容易理解，即使认真钻研初级物理学课本，也不会取得令人满意的效果。（这些课本会告诉你力的定义是 $F = ma$，并宣称这个定义在现实世界中是行之有效的。）

无论是为了厘清知识脉络，还是为了避免犯错误，我们都会要求定义精确无误。很多数学定理都采用了“物理证明”（physics proof）方法。[2] 这样做没有问题吗？ 19 世纪晚期的伟大几何学家凭借几何直觉，发掘了一些惊人的事实。比如，假设五维空间中有两个相交的四维流形……但问题是，一些“事实”和“定理”被证明是错误的。现代代数几何花了一个世纪，才找出了这些问题。同样，人们凭借概率直觉发现的那些惊人事实，有的带来了伟大的定理，有的则犯下了非常严重的错误。

有限集的概率

通过计数来计算概率的早期概率论似乎非常清晰，我们就从它说起吧。当我们开始上第一堂概率课程时，通常都会被告知，概率是用来为随机现象建模的数学分支。比如，用日常用语提出一个问题：将一枚质地均匀的硬币抛掷 4 次，得到两次正面朝上的概率是多少？若改用数学语言来表述该问题，我们先引入样本空间（χ）的概念。所谓样本空间，是指所有可能结果的集合：

$$\chi = \{0000, 0001, 0010, 0011, 0100, 0101, 0110, 0111, 1000, 1001, 1010, 1011, 1100, 1101, 1110, 1111\},$$

其中，1 和 0 分别代表正面朝上和反面朝上。

然后，我们引入事件的概率分布。事件是样本空间元素的集合，样本空间的元素被称作点。比如，“两次正面朝上”的事件是指 1 出现两次的所有点的集合：

$$A = \{0011, 0101, 0110, 1001, 1010, 1100\}。$$

我们让样本空间中所有点的概率都相等，那么对于所有的可能结果，$P(x) = \frac{1}{16}$；并把 A 的概率 $P(A)$ 定义为 A 中所有 x 的概率 $P(x)$ 之和。

$$P(A) = \frac{6}{16} = \frac{3}{8}。$$

所有这些构成了一个明显的数学分支。（但是，不要忽略一个基本的哲学问题：数学和抛掷真实的硬币有什么关系？我们将在本堂课上继续讨论这个问题。）几乎所有的经典概率都可以这样转换：

对有限集 χ 中的所有点，都存在正概率 $P(x)$，且这些概率之和为 1。已知 χ 中一系列点构成的集合 A，概率论的基本问题就是计算或估算 $P(A)$ 的值，即 A 中所有 x 的概率 $P(x)$ 之和。

集合的长度与概率

19 世纪末，一个新的难题出现了。伯努利大数定律表明，如果将一枚质地均匀的硬币抛掷 n 次，在抛掷次数达到一个恰当的大数时，正面朝上的比例接近 1/2 的概率就可以高到任意程度。

利用抛硬币模型，并使样本空间χ是长度为n且$P(x)$为$1/2^n$的二进制序列2^n，就可以很好地理解大数定律。埃米尔 · 波莱尔提出了一个更难的问题：正面朝上的比例（任意）接近1/2，并永远保持该状态的概率是多少？

答案是：概率为1。这就是强大数定律。

波莱尔提出的是一个无限次抛掷的问题。由结果构成的任意无穷序列的概率都是0，但抛硬币必然会产生某种结果。把无穷多的0加起来，它们的和会是一个正数吗？确实如此！这中间到底发生了什么，我们并不是很清楚，因此需要找到新的数学方法来解决这个问题。

波莱尔引入的似乎是一个大不相同的样本空间χ和概率P，其中χ为[0,1]，即0~1的实数构成的集合。对由实数构成的区间A，他把$P(A)$看作A的长度。然后，如本堂课的附录所述，通过将区间的长度相加，衍生出更复杂的集合。这似乎与抛掷真实硬币的做法偏离得更远了，但我们将看到，这种做法一点儿也不疯狂。

用二进制表示一个点：0.01001100…。这个二进制数字的各个位数代表我们抛硬币的结果。考虑首位数是1的所有点构成的集合，该集合所有元素的形式都是1***…，其中*可以是0，也可以是1。那么，这些点都位于[0, 1]的右半部分：

$$0\ \underline{\qquad\qquad}\ \frac{1}{2}\ \underline{\qquad\qquad}\ 1。$$

这个区间的长度（1/2）等于第一次抛硬币得到正面朝上结果的概率。同样，所有以0开头的点（0***…）组成区间的左半部分，长度（等于概率）也是1/2。第二数位是1的点（*1***…）构成[0, 1]的第二和第四个四分位区间：

$$0 \text{———} \frac{1}{4} \text{———} \frac{1}{2} \text{———} \frac{3}{4} \text{———} 1$$

因此，其概率同样为 1/2。

以此类推，第一数位和第二数位同时为 1 的概率等于第四个四分位区间的长度，即 1/4。同理，前 n 个数位具有任何固定模式的概率是 $1/2^n$。这个抽象模型把所有的有限次抛硬币模型干净利落地整合在一起。

不仅如此，我们现在还可以运用它来讨论无穷事件，这可能会引发表面的混乱。考虑下面这句用日常用语表述的意思比较明确的句子：

正面朝上的概率任意接近 1/2，并保持这种状态。

与之对应的点构成的集合位于 [0, 1] 区间的哪个部分呢？注意，精彩的表演就要开始了（此处应有掌声）：

$$(*)\bigcap_{k=1}^{\infty}\bigcup_{n=1}^{\infty}\bigcap_{m\geqslant n}^{\infty}\left\{x:\left|\frac{x_1+\cdots+x_m}{m}-\frac{1}{2}\right|<\frac{1}{k}\right\}。$$

这是一个非常复杂的集合，但早期研究者 [波莱尔、坎泰利、豪斯多夫（Felix Hausdorff）] 指出它的长度 / 概率等于 1。这就是强大数定律：

平均值任意接近 1/2 并永远保持这种状态的概率为 1。

请注意 * 代表的那个令人望而生畏的表达式。该表达式内部有一个集合为

$$\left\{x:\left|\frac{x_1+\cdots+x_m}{m}-\frac{1}{2}\right|<\frac{1}{k}\right\},$$

它表示使前m个坐标的平均值与1/2的差值小于$1/k$的[0, 1]区间内的所有点的集合。最里层的交集是指在m大于或等于n时保证上述表达式成立的所有点的集合。中间的并集是指这些结果中的某一个会在某次实验n中发生。（也就是说，至少存在一个n，可以保证前面n个坐标的平均值与1/2的差值小于$1/k$）。最外层的交集是指对所有k都会出现这种结果（所以，平均值任意接近1/2）。

归功于波莱尔、勒贝格（Henri Lebesgue）等人的研究，我们才有可能为这些晦涩深奥的集合的长度赋值。事实证明，不是所有集合都可以被赋予长度值（参见本堂课的附录）。最后，波莱尔及其同事建立了一个与真实的抛硬币实验十分相似的数学模型。凭借这个模型，他们有可能运用新的数学方法，计算出某些有趣问题的答案。

还有更多的问题需要解决。

以下是伟大的概率学家马克·卡茨（Mark Kac）的回忆：[3]

> 1931年，我来到利沃夫求学。在此之前，我从未听说过概率论。几位波兰数学家发表过几篇论文，对这个问题进行了零星的讨论……但总的来说，这个学科还不存在……
>
> 1933或1934年，我偶然读到了安德烈·马尔可夫的《概率演算》（*Wahrscheinlichkeitsrechnung*）。原版书是用俄语写成的，我读到的是1912年的英译本。这本书给我留下了深刻印象，尽管我没有完全读懂。这并不是说书中的专业术语比较难懂，也不是说相关分析的微妙之处难以吸收。对我来说，这些内容都比较简单。真正

让我觉得难以理解的是这个复杂而迷人的理论可被用于求解“随机量” X_1，X_2，…。

卡茨非常了解测度论，但在20世纪30年代，人们对这种关系还不太认同。卡茨回忆道，当他看到柯尔莫哥洛夫完成了对概率论的统一工作时，他感到非常吃惊。

希望运用数学方法来处理概率问题的不只是卡茨一人。

希尔伯特的第6个问题

20世纪初，伟大的数学家戴维·希尔伯特列举了23个问题，其中第6个问题是：

> 关于几何学基础的研究提出了如下问题：以同样的方式，即公理化手段，处理那些数学在其中发挥着重要作用的自然科学；排在前列的就是概率论和力学。
>
> 在对关于概率论的公理进行逻辑研究的同时，应该大力发展数学物理学——尤其是气体动力学理论——采用的平均值法。在我看来，只有这样才能取得令人满意的成果。

我们将在第9课具体讨论让希尔伯特印象深刻的玻尔兹曼气体理论。理想的玻尔兹曼气体是由刚性球体构成的，这些球体在容器中四处运动，它们彼此之间、球体和容器壁之间发生的都是弹性碰撞。可观测的宏观变量都是运动的结果，比如，可观测的容器壁压力是球体与容器壁碰撞的结果。假设已知系统微观状态的某些先验概率（指定每个球体的速度和动量），我们可以证明低熵态有很大概率会演化为高熵态吗？

虽然路德维希·玻尔兹曼（Ludwig Boltzmann）运用了概率论的观点，但它们只建立在半正式和临时的基础之上。用概率论来解决这个问题时，需要先搭建一个框架，然后才能在这个框架内发展一个严谨的随机过程理论。玻尔兹曼还缺少两个工具：一是适用于连续变量的条件期望和条件概率理论，二是对无穷时间（无论离散还是连续时间）内的随机过程与它的有限维分布之间关系的描述。后来，柯尔莫哥洛夫提供了这两个工具。

柯尔莫哥洛夫的贡献

20 世纪的伟大数学家安德烈·柯尔莫哥洛夫，几乎涉足了数学的所有领域。他在 1933 年出版的专著《概率论基础》（*Grundbegriffe der Wahrscheinlichkeitsrechnung*）主要做出了以下三个贡献：

1. 他为概率论奠定了清晰的数学基础。
2. 他恰当地使条件概率正式化。
3. 他证明了柯尔莫哥洛夫扩张定理。

此外，这部专著中还随处可见小而美丽的宝石（比如柯尔莫哥洛夫零一律），并对他的关于一般性随机变量的概率极限定律的早期研究提出了统一的处理方法。下面将对这三个重要贡献做简单介绍。值得注意的是，柯尔莫哥洛夫的表述至今仍然是主观概率、客观概率和两者之间的其他概率遵循的绝对标准。

把概率论视为数学的一个分支

在这本专著的序言中，柯尔莫哥洛夫写道：

> 作者需要完成的任务是将不久前还被视为奇谈怪论的概率论基本概念放到适合的位置上，跻身于现代数学的一般性概念之列。

他最终采取的是抽象的公理化方法。这不是一本解读概率论的书，而是一本介绍概率论的数学结构的书。[①]柯尔莫哥洛夫在书的开头就强调了这一点，并呼应了前文中引述的希尔伯特的话：

> 概率论作为一门数学学科，也应该像几何学和代数一样，以公理为基础，不断发展。也就是说，在我们定义了研究的元素及其基本关系，并规定了这些基本关系遵循的公理之后，所有的进一步阐述都必须完全基于这些公理，而无须考虑这些元素及其相互关系的具体意义。

当下，概率研究的数学对象在课堂上是以一种学生比较熟悉的方式引介的，它由三个部分构成：

① 可以肯定的是，在谈及与实验数据的关系时，柯尔莫哥洛夫有点儿漫不经心。他向冯·米塞斯表达了敬意，但他对这个问题似乎不太重视。他建议读者可以直接略过这部分内容。

$$\langle X, F, P \rangle$$

其中X是数学对象的集合，F是X的子集，P是定义在F基础之上的一个实值函数。F的元素都是有概率的事物，P为这些元素赋予数值概率。

这些概率空间都遵循如下公理：

> F在进行并集、差集、交集的可数无穷集的布尔运算时是封闭的。①
>
> P将F的元素映射到非负实值函数，使$P(X)=1$，且P具有可数可加性。[4, 5]

这样的框架简洁明了。所有的几何学因素都被抽象化了，X只是一个集合。如果在某个具体应用中有相关结构，那也是该应用需要解决的问题，而无须一般性理论来解决。F的出现为那些根本没有概率的集合留出了空间，它们并不包含于F。在某些应用中，X的所有子集可能都在F中，但在其他应用中，X的某些子集可能是不可测的——概率不适用于这些子集。（要想对不可测集有更多了解，可参阅本堂课的附录2。）

在这个框架下，我们很容易给实值随机变量下精确的定义。尽管卡茨在其概率论的早期描述中称实值随机变量是一个神秘的概念，但实际上它是一个从基本集X到实数的可测函数。我们可以把它想象成从流水线上下来的小组件的质量或者人的寿命。我们可能希望每个区间（比如，质量为1克与2克）都有一个概率，从广义上说，我们可能希望变量值的可测集有一个概率。我们说这个函数是可测的，指的就是这个意思。它

① 可数无穷集合的布尔运算可以构建非常复杂的集合。如果我们转动由单位圆周构成的理想化幸运转盘，最上面的点最后出现在有理数集合或者康托尔构建的更复杂集合中的概率是多少？

的可测集的原像是F的元素，是有概率的集合。随机量的神秘面纱被揭开了，它其实就是可测函数。随机变量的期望值是一个积分。

把条件概率视为随机变量

现在，我们可以用一句话来概括条件概率：条件概率可被视为一种特殊的随机变量。传统的条件概率$P(B|A)$在$P(A)>0$时被定义为$P(A\cup B)/P(A)$，否则就无法定义。我们举一个简单的例子：有限划分。事实上，我们把人口划分为两类，即男性和女性。男性的心脏病死亡概率为P(心脏病|男性)，女性的心脏病死亡概率为P(心脏病|女性)。我们可以将性别条件下的心脏病死亡概率P(心脏病‖性别)定义为第一个值取自男性和第二个值取自女性的随机变量。

被视为随机变量的条件期望可以通过相同的方法来定义。比如，性别条件下的人均预期寿命是一个随机变量，两个值分别针对每名男性（男性的人均预期寿命）和每名女性（女性的人均预期寿命）。在这些简单的例子中，把条件概率和条件期望视为随机变量的做法明确直观，但如果在一般情况下采用这种做法，就会导致非常严重的后果。

对于连续型随机变量，我们经常会以概率为0的事件作为条件。这样做是可行的，因为我们把条件概率视为随机变量。在将各部分的概率加总计算集合的概率时，我们需要重点关注条件概率在其中扮演的角色。

在对概率空间进行有限划分o_1、o_2、…、o_n时，我们很容易理解这一点。但我们现在来考虑某些结果的概率为零的情况。（假设有一类男性比较特别，患有一种理论上有可能发生但在临床上从未见过的染色体异

常。）我们可以定义一个函数f，使o_i中各个点在传统的条件概率$P(B|o_i)$可被定义时取值为该条件概率。如果因为实验结果的概率为零而使得传统的条件概率无法定义，那么我们可以代入任意概率值！这个函数仍被称作空间划分条件下的概率，用$P(B\|O)$表示。［在随意选择零概率的实验结果时，因为选择不同而产生的不同函数被称作$P(B\|O)$的不同变体。］现在重要的是，在回答我们想问的某些问题时，所有变体给出的答案都是一样的。

我们希望通过对划分各元素的概率与以该元素为条件的B的概率的乘积进行加总，来确定B的概率。也就是说，B的概率就是$P(B\|O)$的期望值。在确定B的概率时，由于乘数是零概率，因此不同版本间的差异会被消除。

这些都非常简单，但在研究一般情况时我们需要更强大的工具。实验是F（在进行可数布尔运算时是封闭的）中各集合的σ代数（sigma algebra），而不只是一个划分。实验结果可理解为告诉我们实际点所在的σ代数包含哪些元素。这样一来，与作为随机变量的条件概率相关的就是一个代数，而不只是一个划分。这个代数被称作σ代数，它包含各元素的补集，以及可数无限合取与析取。和前文中说的一样，条件概率的重要性在于它的期望值可帮我们确定B的概率。如果f是σ代数O条件下的B的概率的一个变体，那么对于该代数的任意元素A，都可以通过对该函数求积分的方式得到A和B的概率：

$$P(A\cap B)=\int_A fdP。$$

零概率集合可使条件概率产生不同变体，但与前文中所说一样，它们之间的差异都会在求积分的过程中被消除。[6]

上面这个表达式清楚地展现了作为随机变量的条件概率对σ代数的

依赖性。而此前，人们在讨论以零概率事件为条件时，可能会忽略这种依赖性。在通常需要依赖几何直觉的几何情境中，这个问题表现得尤为明显。为了证明这个问题，柯尔莫哥洛夫分析了波莱尔悖论（Borel Paradox），并指出彼此矛盾的直觉不过是选择了不同的σ代数的反映。

从有限维到无限维

柯尔莫哥洛夫向人们展示了如何利用一组一致的有限维概率空间构建一个无限维随机过程，这就是柯尔莫哥洛夫扩张定理。

举个例子，假设我们多次转动有单位圆周的幸运转盘。单次转动形成一个可测空间$S^1 = \langle E^1, F^1 \rangle$，$E^1$ 中的点都是$[0, 1)$中的实数，F^1 中的事件都是波莱尔集合。[7] 两次转动可以表示成空间乘积的形式：$S^2 = S^1 \times S^1$，n 次试验和次数可数的系列实验也可以表示成类似形式。如果我们限定S^2 上的概率所在的集合必须与S^1 中的集合形成自然的对应关系，使得S^1 的概率相同，那么S^1 和S^2 的概率测度就是相容的。对于S^n 和S^m（$m > n$），同样如此。

如果我们从无限维空间S^∞的概率入手，显然就可以在各个有限子空间中确定一组相容的概率。S^n 中长度为n的序列集合的概率，等于它们在S^n 中各种可能的延续方式的集合的概率。柯尔莫哥洛夫扩张定理表明我们也可以反向操作，即通过有限维空间中的一组相容的测度推导出无限维空间的唯一测度。就像我们举的例子一样，时间可以是离散的，也可以是连续的，所以它适用于连续时间的随机过程。

柯尔莫哥洛夫用他的条件概率的广义概念给马尔可夫过程下了一个严格的定义。而且，他证明了一般性随机变量的强大数定律的最终形式：

当且仅当独立随机变量序列存在有限的平均值时，它的平均值趋于收敛。很快，他的测度论框架就成了随机过程研究的标准。[8]

在数学和现实之间 II

在柯尔莫哥洛夫之后，概率在应用、内在逻辑和内在美等方面均取得了长足的发展，成为一个茁壮成长的数学分支。这提出了一个问题：概率计算与概率定理何时可以应用于现实世界的真实现象呢？这不只是一个形而上学的哲学问题。

对概率的应用越来越多的一个领域是金融数学。如果股票价格的对数真的像布朗运动那样波动，研究布朗运动就可以预测和确定股票价格。基于这样的假设，数学家和经济学家推导出定价公式，比如布莱克–斯科尔斯期权定价模型［迈伦·斯科尔斯（Myron Scholes）和罗伯特·默顿（Robert Merton）因为这项成果获得 1997 年的诺贝尔经济学奖］。遗憾的是，这是一座建筑在沙滩上的城堡。布朗运动——钟形曲线的一个变体——近似于“中间”，有一定的用处。但是，人们却常常把它应用于长长的“尾巴”，比如 $e^{-x^2/2}$。实际上，有很多的“罕见事件”真的会发生，并导致金融市场崩溃。纳西姆·塔勒布（Nassim Taleb）在 2007 年[9]出版的《黑天鹅》（*The Black Swan*）中，以及罗闻全（Andrew Lo）和阿奇·麦金利（Achie MacKilnay）在 1999 年出版的《非随机漫步华尔街》（*A Non–Random Walk Down Wall Street*）中都生动地描述了这个现象。[10]另外，戴维·弗里德曼对社会科学[11]滥用概率模型的认真研究，也通过几十个例子向我们发出进一步警示。

这些问题不是概率独有的，而是普遍存在于应用数学领域。但是，我们应该从中吸取教训，并意识到随着数学理想化与抽象化的程度不断提高，在现实世界的应用要越发小心谨慎。

随机选择的整数？数学的旁白

下面是对直觉和严谨之间的紧张关系的一项独立研究。这个问题的讨论目前还没有结束，欢迎读者也来参与。自始至终，我们使用的都是自然数集 $N=\{0, 1, 2, 3, \cdots\}$。还有比这更简单的吗？

请大家思考一个问题：随机选择一个数字，它是偶数的概率为多少？

大多数人似乎认为，这些数字中有一半是偶数，所以答案是 1/2。这实际上是一个古老的问题，中世纪的哲学家奥雷斯姆（Oresme）①说：

> 星星的数量是偶数，星星的数量是奇数……我们无法确定……星星的数量是一个立方数。我们认为这是有可能的，但可靠程度不高，或者说可能性不大，因为立方数比其他数少得多……星星的数量不是立方数。[12]

同理，一个随机数除以 3，余数是 0、1 或 2 的可能性都是 1/3。随机数除以任何一个确定的数字，都有类似的结果（比如，除以 5 时，每个余数出现的可能性都是 1/5）。

这样的说法有没有道理呢？我们怎样才能理解它呢？方法一是利用有限集及其极限。假设 A 是一个数字（比如，偶数、素数或平方数）集

---

① 根据西塞罗的描述，这是奥雷斯姆对希腊哲学家卡涅阿德斯（Carneades）列举的一个例子进行的一番评论。

合。请大家看下面这个比：

$$\frac{\text{集合}\{A\text{中小于}n\text{的数}\}\text{的元素个数}}{n}\text{。}$$

如果 A 是偶数集，即 $A=\{2, 4, 6, 8, \cdots\}$，那么当 $n=5$ 时，比值是

$$\frac{\text{集合}\{0, 2, 4\}\text{中的元素个数}}{5}=\frac{3}{5}\text{。}$$

当 $n=10$ 时，

$$\frac{\text{集合}\{0, 2, 4, 8\}\text{中的元素个数}}{10}=\frac{5}{10}=\frac{1}{2}\text{。}$$

当 $n=100$ 时，比值为 50/100；当 $n=101$ 时，比值为 50/101。当 n 是一个大数时，比值趋近 1/2。

如果比值趋近极限，我们就说 A 的密度（density）为 θ。奇数的密度是 1/2，5 的倍数的密度是 1/5。如果 A 是平方数集：

$$A=\{0, 1, 4, 9, 16, 25, \cdots\}$$

小于 n 的平方数的比例约为 $\sqrt{n}$。从直觉上说，当 n 是一个大数时，比值趋近 0。同理，素数集合的密度是 0，所以我们倾向于说随机数是素数的概率为 0。

在这些条件下，人们经过深思熟虑，将密度视为概率。但这种做法通常有以下问题：

1. 并不是所有集合都有密度。
2. 密度不具有可数可加性。

下面举例子来说明这些问题。

没有密度的集合

看看今天的《纽约时报》（*New York Times*）头版中有哪些数字。其中，首位数是 1 的数字的比例是多少？令人惊讶的是，答案约为 30%。为了帮助大家理解，我们用

$$A = \{1, 10, 11, 12, \cdots, 19, 100, 101, 199, \cdots\}$$

来表示首位数为 1 的数字集合。如果这个集合的密度接近 0.3，就没有任何问题。但遗憾的是，A 根本没有密度！当 $n = 9$ 时，A 中只包含一个首位数是 1 的数字，比例为 1/9；当 $n = 20$ 时，A 中包含 11 个首位数为 1 的数字，比例为 11/20；当 $n = 200$ 时，这个比例约为 1/2。就这样，它会一直振荡。

不过，从某种意义上说，A 的密度极限值为 0.3（实际上是 $0.301\cdots = \log_2 10$）。阿诺 · 伯杰（Arno Berger）和西奥多 · 希尔（Theodore Hill）用整整一本书的篇幅，对这个问题进行了精彩的讨论。[13] 它甚至还有一定的应用价值，首位数为 1 的数字在自然发生的数字中的占比约为 0.3。如果人们伪造数据，他们往往会把这个比例降至 1/9 左右。美国的税务机构和研究选举造假的政治学家都利用这些观察结果来检验数据的真实性。

不可加的密度

假设为了搞清楚这个问题，我们在A的密度存在时将它的概率定义为它的密度极限。毕竟，平面上的所有点集并不都有确定的面积。对可测集这个类别而言，直线上的长度和平面上的面积可以起到非常好的效果。不过，新的问题又出现了。单个点，比如{5}，其密度为 0，而且所有单个点都具有这一特点，但这些点构成的集合{0, 1, 2, 3, …}的密度却是 1。这个问题有很多不同的变体。比如，集合A和B都有密度，但它们的并集却可能没有密度。[14]

这些问题有各种各样的解决方法。菲尼蒂提出了可数可加性的要求。数字的所有子集都有有限可加性的测度，在密度存在时，它们与密度完全一致。这里有两点需要考虑。第一，密度有许多不同的扩张方式，我们需要从中做出选择。对菲尼蒂来说，概率是主观置信度的一种表达，所以这可以被视为一种好处。毋庸置疑，如果你赋予一组集合$A_1, A_2, A_3, \cdots$（和它们的补集、交集）相关性概率，那么对于另外一个集合A，你一定可以通过概率的相关性扩张，为该集合选择一个合适的概率$P(A)$。第二，如果你真要为所有数字子集的密度确定一种扩张方式，就离不开非构造性的集合论公理。对菲尼蒂来说，这也不算一个多大的麻烦。他是一个真正的有穷论者，根本没有兴趣去确定所有子集的概率。他的理论是，你可以按部就班地不断扩张下去。

还有一种方法是坚持使用普通概率，但给排在前面的数字赋予更大的权重，因为我们遇到小数字的可能性比大数字更大。

实现这个目的的方式有很多种。如果我们赋予 0 的概率是 1/2，赋予 1 的概率是 1/4，以此类推，那么我们可以保证所有概率之和等于 1，但在密度方面的问题会变得棘手。不过，我们可以给这些数字赋予任意系列的权重，使其收敛于某个有穷数，然后除以该有穷数，就可以将它们转化为概率。收敛速度缓慢的系列权重得出的结果可以无限趋近密度。

假设我们为数值固定且大于 1 的 s 赋予的权重是

$$P_s(j)=\left(\frac{1}{j^s}\right)\left(\frac{1}{\text{归一化常数}}\right),\ j=1,2,3,\cdots。$$

归一化常数作为除数的作用是，保证所有商的和等于1。它的取值取决于 s，可以用著名的黎曼函数（zeta function）计算出它的具体值。以下是不同的 s 对应的归一化常数的近似值：

$s=1.1$ 时，归一化常数约为 10.6。

$s=1.01$ 时，归一化常数约为 100.6。

$s=1.001$ 时，归一化常数约为 1 000.6。

$s=1.000\,01$ 时，归一化常数约为 100 000.6。

当 s 趋近 1 时，

$$P_s(\text{偶数})=\frac{1}{2^s}\approx\frac{1}{2},$$

$$P_s(5\text{ 的倍数})=\frac{1}{5^s}\approx\frac{1}{5}。$$

而且，我们可以凭借这个办法避开前文中提到的两个困难：一是这种赋值方法具有可数可加性；二是自然数的所有集合都可以被赋予确定的概率。最后，如果密度存在，P_s 就会与密度（近似）一致。

于是，对首位数相同的数字集合来说，当 s 趋近 1 时，

$$P_s(\text{首位数为 1 的数字})\approx\log_{10}(2)=0.301\cdots。$$

但问题是，s的值需要我们做出选择。不过，只要s接近 1（比如，1.000 01），s的值如何选择就不那么重要了。

所有这些都是在柯尔莫哥洛夫的框架内完成的。[15]

柯尔莫哥洛夫对概率空间的有穷性的看法

柯尔莫哥洛夫对有穷与无穷之间的关系做了一些非常有趣的评论，并在此基础上证明了卡拉西奥多里（Constantin Carathéodory）扩张定理：

对于任意集合域**F**，都有一个包含该集合域的唯一最小波莱尔域（σ域），称作该集合域的波莱尔扩张B**F**。那么，

> 集合域**F**的完全可加概率可以扩张为波莱尔扩张B**F**的完全可加概率，而且这种扩张只能以一种方式完成。

（该定理之后被用来证明柯尔莫哥洛夫扩张定理。）在完成证明工作之后，柯尔莫哥洛夫对以这种方式引入的无限元进行了简短的讨论：

> 即使**F**中的集合（事件）可以被解释为真实的、（或许只是近似）可观测的事件，也不能就此理所当然地认为扩张域B**F**中的集合也可以这样解释。
>
> 因此，虽然概率域(**F**, P)可被认为真实随机事件的象（不过，是理想化的象），但概率的扩张域(B**F**, P)仍有可能只是一个数学结构。

因此，B**F**中的集合通常只是一些理想事件，在外部世界中找不到对

应物。柯尔莫哥洛夫举了一个例子，他让我们考虑扩张实数线的半开区间$[a, b)$的所有有限并集。它会构成集合域**F**，而它的波莱尔扩张B**F**则包含该实数线的所有波莱尔集合。这些集合中有很多（包括与单个点对应的集合）仅仅是理想事件，在外部世界中找不到对应物。

柯尔莫哥洛夫对待无穷性的这种哲学态度在《概率论基础》及其后期作品中都有明显体现。1948年，他主张利用测度代数来定义概率。[16]于是，基本事件集合E消失了，我们可以用“复合事件”代数直接定义概率。他写道：

> 基本事件是强加于事件的具体概念之上的人造概念。事实上，事件并不是由基本事件组成的，但基本事件源于复合事件的分解。

他在1963年提出了客观随机序列理论，[17]关注点是有限序列。现代测度论和积分论被视为实用的理论，不是一种形而上学，而是一种让无穷接近有穷的理想化方法。

小 结

柯尔莫哥洛夫的《概率论基础》取得的主要成就是，使概率成为研究无穷性的现代数学的一部分。他利用测度论和积分论的新发展，构建了一个抽象的框架，将所有必要的因素纳入其中，还为一直以来非正式的、带有一定神秘色彩的概率赋予了确切的含义。

他也阐述了随机量的意义。他还给出了条件概率的一般性定义，从而消除了非正式观点引发的明显悖论。

波莱尔利用无穷序列和可数无限可加性普及了伯努利的大数定律，并提出了强大数定律。柯尔莫哥洛夫的框架包含可数可加性，并且允许你想要的任意点构成的空间存在。在这个框架下，他证明了一个更强的大数定律。卡拉西奥多里扩张定理表明，通过一系列相容的有限维随机过程可以构建起一个无限维随机过程。

这样一个抽象化、理想化的框架，在与现实建立联系的过程中必然会出现一些问题。从柯尔莫哥洛夫后来的研究可以清楚地看出，他在担心这些问题。从哲学上讲，他是一个有穷论者，他认为可以用有穷性近似实现无穷性的理想化。

附录 1　复杂集合的测度

欧几里得平面上的某个点集的面积测度是什么？直线上的长度和空间中的体积，指的又是什么？在康托尔提出无穷集理论之后，复杂点集的测度问题已经引发了人们的思考。

朱塞佩·皮亚诺（Giuseppe Peano）和卡米尔·乔丹（Camille Jordan）沿用了古希腊的布里松（Bryson of Heraclea）[18] 在解决化圆为方问题时采取的基本策略。布里松推断，圆的面积肯定大于所有内接正多边形的面积，而小于所有外切正多边形的面积。随着多边形的边数不断增加，圆与其内接多边形及外切多边形的面积就会越来越接近。布里松相信最终它们会相等，不过他没有明确提出这个观点，也没有给出任何证明。阿基米德通过比较内接和外切正 96 边形，近似地算出了圆的周长与直径的比值，即圆周率π。

皮亚诺和乔丹将这个观点进行了推广，提出内容度和外容度的概念。比如，实线上的区间以其长度作为测度。（点作为退化区间也包含其中，测度值为 0。）这些是基本测度，测度的概念还可以通过以下方式扩展至其他点集。假设我们考虑的点集被区间的有限集覆盖，即该点集包含于这些有限集的并集中。在这种情况下，考虑每个覆盖集与该集合中的区间长度之和的关系。区间长度之和的最大下限被称为集合的外容度。反过来，假设这些有限集互不重叠，且它们的并集包含于我们考虑的点集。在这种情况下，考虑这些有限集与点集中各元素长度之和的关系。元素长度之和的最小上限被称为点集的内容度。如果一个点集的内容度和外容度相等，按照皮亚诺和乔丹的理解，该集合就是可测的，内容度和外容度的值就是它的测度值。反之，该集合就是不可测的，即测度的概念不适用于该集合。比如，区间 [0, 1] 中的有理点集就不具有皮亚诺–乔丹可测性。它的外容度是 1，而内容度是 0。

波莱尔采取的方法更有效，因此可测集更多。波莱尔通过可数有穷集的运算，构建区间的波莱尔可测集，然后通过假设可数可加性定义它们的测度。

如果区间互不相交，其可数并集的测度值就是区间长度的无穷和。注意，我们已经知道有理数集是可测的，它的测度值为零。这就留下了一个悬而未决的问题：所有这样的集合现在都是可测的吗？

附录 2　不可测集

我们以概率为背景，把朱塞佩·维塔利（Giuseppe Vitali）于 1905 年构建的不可测集的概念[19]介绍给大家。以单位圆大小的幸运转盘为例。单位圆上的点可以用半开区间 [0, 1) 中的实数表示。我们假设这个转盘是公平的，在这种情况下，如果一个可测点集以固定间距分布在单位圆

的圆周上，它就是一个等概率集合。[20] $|x-y|$ 是有理数，是一种等价关系，因此可以将区间 [0, 1) 归为等价类。举个例子，从 1/4 开始并在移动一段合理距离后就可以到达的所有点，都与 1/4 处于同一个等价类。（这个等价类包含所有有理点。）从 π/4 开始并在移动一段合理距离后就可以到达的所有点，都与 π/4 处于同一个等价类。

从每个等价类中选择一个元素，构建选择集①。对于 [0, 1) 中的每个有理数 r，令 C_r 是将 C 沿单位圆的圆周平移距离 r 得到的集合。由于有理数的个数是可数无穷的，因此这些集合会形成单位圆的可数无穷划分。如果它们有概率，根据平移不变性，它们的概率必然相等。如果这个概率是 0，整个圆的概率就等于 0。如果这个概率是一个整数，整个圆的概率就是无穷大（根据可数可加性）。所以，这些维塔利集合是不可测的，[21] 也就不可能有概率。

随后，其他不可测性结果也得到了证明。豪斯多夫于 1914 年 [22] 在三维欧几里得空间中构建出一个相同特点的例子，巴拿赫（Stefan Banach）和塔斯基（Alfred Tarski）于 1924 年 [23] 仅利用有限可加性，就完成了它的推广。平移不变性这种一维特性被推广至同余关系。

从 [0, 1) 中随机选取一个点，并假设概率是可数可加的。1929 年，[24] 巴拿赫和库拉托夫斯基（Kuratowski）证明，如果康托尔连续统假设成立，不可测集就肯定存在。在证明过程中，他们没有假设任何不变性原则。

---

① 这是一个无穷程序，因此你无法完成，但也许上帝可以。根据集合论的选择公理，选择集是肯定存在的。

第 6 课

贝叶斯定理如何改变了世界？

托马斯·贝叶斯

假设你正在为某种疾病筛选新药。有些患者至少有一定程度的好转，有些则没有任何起色。与安慰剂相比，有一种新药使更多患者的病情出现好转。有了这样的证据之后，我们对这种新药的有效性有多大信心呢？需要明确的是，在临床试验之前，你认为这种药有效的概率很低。除了这种药以外，参与筛选的新药还有很多。通过临床试验取得证据之后，你希望了解这种药物有效的可能性，也就是它让患者病情显著好转的概率。这种概率仍然很低吗？是不是比原来高了一些？其提高的程度是否足以引起我们的重视？在根据这些真实但通常不大的数据集来推断概率时，这些问题会影响数据的生成。那么，如何正确处理这些问题呢？托马斯·贝叶斯率先提出了有助于我们处理这些问题的基本思想。

贝叶斯是这样表述他的伟大思想的：

> 已知某个未知事件的发生次数和失败次数，求某一次实验中该事件的发生概率处于两个已知概率之间的概率。[1]

他在 1763 年发表的论文《概率问题的解法》（*Essay Towards Solving a Problem in the Doctrine of Chances*）中开门见山地提出了这个思想。贝

叶斯的前辈们，包括伯努利和棣莫弗（de Moivre），[①]都是根据概率来推断频率，而贝叶斯则是根据频率来推断概率，从而为统计推断奠定了数学基础。

贝叶斯的这篇论文在他生前未能发表，直到他去世两年后，在他的朋友理查德·普莱斯（Richard Price）的帮助下，才得以面世。1763年，普莱斯把这篇文章递交到英国皇家学会，连同他撰写的引言和附录。很快，这篇论文就刊发在《哲学汇刊》（*Philosophical Transactions*）上。普莱斯在提到贝叶斯为这篇论文撰写的引言（已遗失）时告诉我们：

> ……他说，在刚开始考虑这个问题时，他希望找到一种判断概率的方法。假设对于某个事件，我们只知道它在某些情况下发生的次数和失败的次数。借助他设计的方法，我们就可以判断出在相同情况下该事件发生的概率。

这个方法的作用是预测概率，即根据过去的统计数据估算某个事件下一次发生的概率。普莱斯接着说道，贝叶斯认为这不难做到，但条件是先解决他在论文开头提出的那个问题。事实的确如此。我们将会看到，后来拉普拉斯在建立著名的拉普拉斯连续律（rule of succession）时，就是这样做的。

贝叶斯的动力似乎不是源自法律、医学等实际事务，而是与数学哲学问题有关。

---

① 伯努利和棣莫弗都宣称解决了反向推理问题，至少解决了多次实验的反向推理问题，但他们的研究实际上不同于贝叶斯的研究。

贝叶斯vs休谟

普莱斯强调了这个方法的哲学意义，认为它对归纳推理来说非常重要：

> 每一个明智的人都能明白，现在提出这个问题并不是因为我们对概率论感到好奇，而是因为我们必须解决这个问题，才能为我们厘清过去发生的事和预测今后可能发生的事奠定一个可靠的基础。

从这个角度看，这个方法似乎可以用作大卫·休谟（David Hume）问题的答案。休谟在1748年出版的《人类理解研究》（*Enquiry Concerning Human Understanding*）中写道：

> 尽管世界上并不存在概率这种事物，但由于我们不知道任何事件的真实原因，因此我们的无知对理解产生了同样的影响，并产生了一种类似的信念或观点。
>
> ……我们在做一切推断时，都会在习惯的支配下将过去的经验套用到将来的头上。因此，如果一件事在过去充满规律性和一致性，我们就会信心十足地预期未来它也是这样，而不会做任何相反的假设。但是，如果我们发现多个不同的结果是由表面上非常相似的原因造成的，当我们把过去的经验套用到将来的头上时，这些结果就会浮现在我们的脑海里，我们在决定那个事件发生的概率时，也肯定会考虑到它们。虽然我们会倾向于最常见的结果，并且相信这种结果肯定会发生，但我们也不应当忽略其他结果。当然，我们必须按照它们发生频率的多少，赋予每个结果或多或少的权重和信度。

……人们不论用哪一种公认的哲学体系来解释这种思想活动，都会觉得困难。在我看来，如果当前的线索可以激发哲学家的好奇心，并让他们觉察到所有的一般性理论在处理这些奇妙的问题时都是有瑕疵的，我认为这就足够了。

桑迪·扎贝尔（Sandy Zabell）用充分的证据证明，贝叶斯是在休谟提出这个难题后不久取得他的这项主要成果的。

第一个证据是戴维·哈特利（David Hartley）于 1749 年出版的《人类的观察》（*Observations on Man*）。作者称："一位聪明的朋友告诉了我一个解决反演问题的方法……"而且，他随后对这个问题的描述与贝叶斯论文开头的陈述基本一致。第二个证据是安德鲁·戴尔（Andrew Dale）发现的贝叶斯的笔记本。这个笔记本记录的一项结果就出现在贝叶斯的那篇论文中，前后两个条目对应的日期分别是 1746 年和 1749 年。

人们认为贝叶斯是在回答休谟的问题，这其实是一件很自然的事。而且，普莱斯在他撰写的附录中讨论了休谟的日出案例。休谟在《人类理解研究》中以日出举例，是为了说明怀疑论者的困惑：

……"太阳明天不会升起"和"太阳明天肯定会升起"这两个命题，都同样明白易懂，也不自相矛盾。因此，我们无论如何也无法证明前者是假命题。

在《人性论》（*Treatise*）中，他还提到了日出案例的犹如常识般的确定性：

如果有人说太阳明天可能会升起或者所有人都会死亡，就会显得荒谬可笑，尽管除了经验赋予的信心之外，我们再也没有其他的信心来源。

普莱斯在他撰写的附录中，举了下面这个例子来说明贝叶斯的成果：

> 让我们想象一下，一个人刚降生到这个世界上，他只能通过观察事件的顺序与过程，来了解其影响力和原因。太阳可能是第一个吸引他注意力的事物，但在第一天晚上太阳消失之后，他完全不知道他能否再见到它。

普莱斯接着指出，在 100 万次的观测之后，太阳升起的概率就很有可能位于一个非常接近 1 的小区间中。据此（以及前文中明确提到的自然一致性），我们可以清楚地看出，普莱斯视贝叶斯的这篇论文为休谟问题的答案。此外，普莱斯为贝叶斯论文重印本设计的扉页也是一个佐证，这是史蒂芬 · 斯蒂格勒（Stephen Stigler）[2] 近期的发现。扉页上的标题是：

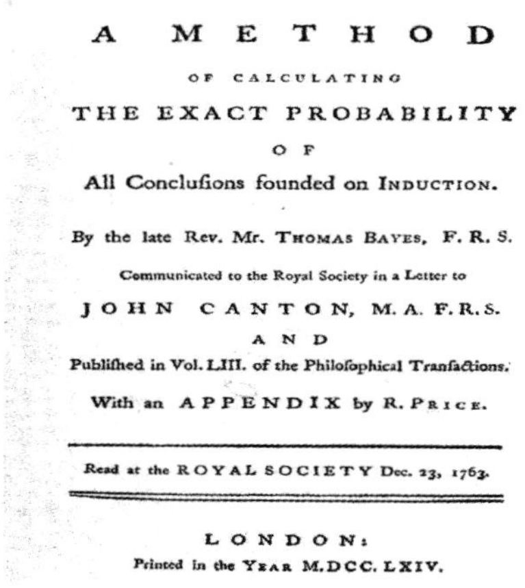

A METHOD
OF CALCULATING
THE EXACT PROBABILITY
OF
All Conclufions founded on INDUCTION.
By the late Rev. Mr. THOMAS BAYES, F. R. S.
Communicated to the Royal Society in a Letter to
JOHN CANTON, M. A. F. R. S.
AND
Publifhed in Vol. LIII. of the Philofophical Tranfactions.
With an APPENDIX by R. PRICE.

Read at the ROYAL SOCIETY Dec. 23, 1763.

LONDON:
Printed in the YEAR M.DCC.LXIV.

图 6-1 贝叶斯论文的扉页

“一种基于归纳法计算所有结论的确切概率的方法”。

事实上，普莱斯既是休谟也是贝叶斯的好朋友。他寄给休谟的《论文四篇》（*Four Dissertations*）中就使用了贝叶斯的成果。在最后一篇论文中，普莱斯提出休谟的那篇关于奇迹的著名论文对许多证人的证词没有予以恰当的重视。

休谟回复道：

> 我向你承认，你提出的争议性观点新颖巧妙，貌似有理，而且可靠。但是，在我心悦诚服地宣布这个判断之前，我必须花更多的时间来认真考虑它。[3]

不过，虽然休谟是一位伟大的哲学家，但他并不是一位优秀的数学家，所以他不太可能理解贝叶斯的贡献。

贝叶斯的概率研究

贝叶斯的论文开头介绍了概率的发展历程，对现代相关性观点提出了一些引人注目的预测。贝叶斯将期望值视为概率的基础：

> 任何事件的概率都是一个比值，分子是以事件发生为条件的应该被计入的期望值，分母是该事件发生的期望值。

这句话中的“应该”一词似乎有些奇怪，其实它指的是赌局期望值的正确计算方法，本书的所有读者都比较熟悉这个概念。他又说道，如

果事件e发生则支付N的赌局或合约，其期望值应该是$NP(e)$，或者

$$p(e)=\frac{\text{“如果}e\text{发生则支付}N\text{”的期望值}}{N}。$$

有意思的是，据说贝叶斯因为这个定义在他的引言（普莱斯看过，但我们没有）中表示了歉意。显然，贝叶斯不想被卷入关于概率本质的哲学争论。普莱斯告诉我们：“他没有给出概率一词的确切含义，而是给出了应该将这个词用于何处的恰当标准。”但是，普莱斯没有告诉我们贝叶斯是如何理解这个词的确切含义的。

在这个定义的基础上，贝叶斯论证了概率的基本性质。

不相交事件概率的可加性源于期望值的可加性。假设一个“如果e_1则支付N”的赌注的恰当价值为a，“如果e_2则支付N”的价值为b，“如果e_3则支付N”的价值为c，而且三者相互独立，那么“如果e_1或e_2或e_3则支付N”的恰当价值应该是$a+b+c$，否则就会前后矛盾。不仅如此，如果e_1、e_2、e_3相互独立且完全穷尽，将这三个赌注放在一起，收益就肯定为N，所以这三个事件的概率之和应该是 1。排除规则（negation rule）被标注为一个特例。(请注意，这与我们在第二堂课中讨论的 20 世纪的荷兰赌定理已经非常接近了。)

随后，贝叶斯着手建立条件概率的定义。他根据条件作用事件（conditioning event）与条件事件（conditioned event）发生的先后次序，区分出两种情况：一种是条件作用事件发生在条件事件之前；另一种是条件作用事件发生在条件事件之后。他认为后一种情况更麻烦，因为它的条件作用在时间上是倒退的。因此，他在论述第 4 个命题时对这个问题进行了有趣的论证。贝叶斯请我们发挥想象力，假设我们做了无数次实验，以确定条件作用事件和条件事件的发生情况：

> 假设每天都有两个事件的发生情况需要确定，第二个事件每天发生的概率是b/N，两个事件每天都发生的概率是P/N。如果第一天第二个事件发生且两个事件都发生，我就会赢得N。我认为，根据这些条件，我赢得N的概率是P/b……

贝叶斯说，这种情况要么在第一天就会发生，要么他会面对跟以前一样的赌注：

> 同样地，如果这种巧合没有发生，我的期望值就会变回之前条件下的那个期望值。

也就是说，假设E_2（第二个事件）第一天没有发生，在这种情况下赢得赌注的概率就等于初始概率。简单起见，我们假设押下的是单位赌注，这样一来，期望值就等于概率。

然后，贝叶斯用E_1表示第一个事件，用E_2表示第二个事件，并完成了如下证明：

$$
\begin{aligned}
P(\text{赢}) &= P(\text{第一天赢}) + P(\text{之后赢}) \\
&= P(E_1 \cap E_2) + P(-E_2)P(\text{赢}) \\
&= P(E_1 \cap E_2) + [1 - P(E_2)]P(\text{赢}),
\end{aligned}
$$

$$P(\text{赢}) - P(\text{赢}) + P(E_2)P(\text{赢}) = P(E_1 \cap E_2),$$

$$P(\text{赢}) = P(E_1 \cap E_2) / P(E_2)。$$

将上面这个值视作假设条件为E_2时E_1的概率，是贝叶斯得出的一个推论。但在说明这个推论时，他进行了一次有趣的转换：

> 假设在前述命题给我某个期望值之后，以及在所有人都知道第一个事件是否已经发生之前，我就发现第二个事件已经发生了。我只能据此推断决定我的期望值的那个事件是可以确定的，而没有理由认为我的期望值比之前大或者小。

紧接着，他给出了一个钱泵（money-pump）证明：

> 原因是，如果我出于某个理由认为它比之前小，那么理所当然地，我需要付出一定的代价才能恢复到之前的那种情况。而且，在获知第二个事件已经发生的情况下，我还需要不断地付出这种代价。显然，这是非常荒谬的。

最后，他还考虑了相反的情况：

> 如果你认为我应该为自己的期望赋予一个比之前更大的值，这同样是非常荒谬的。因为期望值变大后，如果你让我放弃某些东西以保持之前的情况，那么我理所当然会拒绝接受……

贝叶斯已经知道可以利用相关性来论证无条件概率和条件概率了！

反演问题与台球桌

有了条件概率这个利器之后，贝叶斯便着手处理他在《概率问题的解法》开头提出的那个问题。假设一枚偏倚情况不明的硬币被抛掷了 n

次，其中正面朝上的次数为m。如果单次抛掷得到正面朝上的概率为x，贝叶斯想要求出

$$P(x\text{位于}[a,b]\text{之中} \mid n\text{次抛掷得到}m\text{次正面朝上})。$$

这个条件概率等于

$$\frac{P(x\text{位于}[a,b]\text{之中且}n\text{次抛掷得到}m\text{次正面朝上})}{P(n\text{次抛掷得到}m\text{次正面朝上})}。$$

要算出这个值，贝叶斯必须对概率的先验概率密度做出某种假设。基于我们对先验概率密度一无所知，贝叶斯假设它是均匀的。贝叶斯预见到这个假设可能会引起争议，事实的确如此，他后来又在注释中提供了一种不同的证明方法。在这个基础上，他运用牛顿微积分来计算下面这个算式的值：

$$\frac{\int_a^b \binom{n}{m} x^m (1-x)^{n-m}\,dx}{\int_0^1 \binom{n}{m} x^m (1-x)^{n-m}\,dx}。$$

这些积分如何求解呢？在估算分母中的积分时，贝叶斯采用了几何方法。这就是贝叶斯的“台球桌”。

我把一个红球随机扔到台球桌上，并标出它与最左侧的距离。然后，如图 6–2 所示，我将n个黑球逐一扔到桌上。如果黑球落在红球的右侧，则称之为正面朝上，若落在左侧则称之为反面朝上。这相当于随机选择一种偏倚，然后将一枚有这种偏倚的硬币抛掷n次。因为第一个球是不

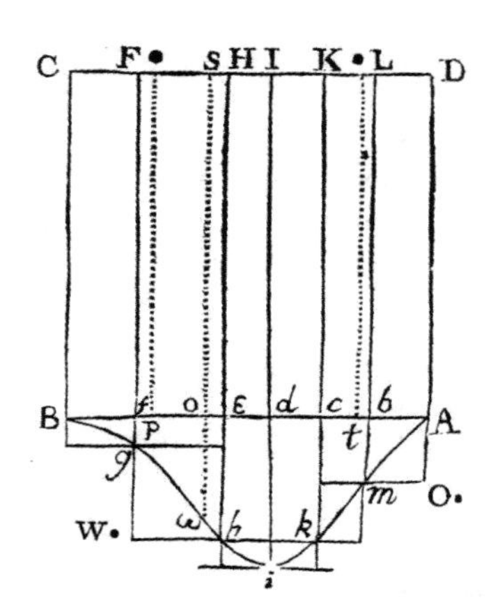

图 6-2 贝叶斯的“台球桌”

是那个红球并不重要，所以我只需把 $n+1$ 个球扔到台球桌上，然后随机选择一个球作为红球，以便设置偏倚。但是，如果我把最左边的球视为红球，那么所有黑球都算作正面朝上；如果我把最右边的球视为红球，那么所有黑球都不能被算作正面朝上，以此类推。因此，当 $m=0$，$m=1$、… $m=n$ 时，n 次抛掷得到 m 次正面朝上的概率是相同的，都等于 $1/(n+1)$。这就是分母中积分的值。分子中的积分计算比较难，没有一般性的闭式解。不过，贝叶斯给出了一种求近似解的计算方法。

贝叶斯估算出分母的值之后，在注释中为他提出的未知因素量化法提供了证明。他认为，如果我除了知道有 n 次实验之外，对整个事件一无所知，那么我没有理由认为某些实验会取得成功，而其他实验不会取得成功。因此，我们可以用 P(n 次抛掷得到 m 次正面朝上) $=1/(n+1)$ 来量化未知结果。事实上，均匀先验就是这样得到的，尽管贝叶斯没有证据。

拉普拉斯的玩笑

贝叶斯的研究并没有立即被英国人接受。[①]相反，在杰出数学家、天文学家皮埃尔–西蒙·拉普拉斯的倡导下，反向推断在法国得到了发展。拉普拉斯对概率的兴趣不只是停留在理论层面。他对天文观测中的误差分布和统计推断在天文观测中的正确应用方法都很感兴趣，这可能是他的研究成果产生直接影响力的原因之一。拉普拉斯也曾研究了贝叶斯考虑过的那个问题——抛掷偏倚情况未知的硬币。

图 6-3　皮埃尔–西蒙·拉普拉斯

假设n次抛掷的结果都为正面朝上，那么根据贝叶斯假设，下一次实验结果为正面朝上的概率是多少？也就是说，在n次抛掷出现n次正面朝上结果的条件下，抛掷$n+1$次出现$n+1$次正面朝上结果的概率是多少。根据贝叶斯台球桌理论，该概率为

$$\frac{1/(n+2)}{1/(n+1)}=\frac{n+1}{n+2}$$

拉普拉斯针对这个公式开了一个玩笑：已知在过去的 5 000 年里太阳每天都照常升起了，计算明天太阳也会升起的概率。当然，他引用的是休谟的观点，而非贝叶斯。

拉普拉斯还运用均匀先验去解决更具一般性的问题：已知n次实验取得了m次成功，计算下一次实验成功的概率：

① 事实上，贝叶斯的方法在他的祖国一直没有引起人们的注意，直到 19 世纪 30 年代，在棣莫弗的努力下，它才得到了英国人的认可。

$$\frac{\int_0^1 \binom{n}{m} x^{m+1}(1-x)^{n-m}dx}{\int_0^1 \binom{n}{m} x^{m}(1-x)^{n-m}dx}=\frac{m+1}{n+2}$$

这就是拉普拉斯连续律。注意，如果实验的次数是个大数，那么，应用拉普拉斯连续律与直接以正面朝上的相对频率作为下一次实验的正面朝上的概率，这两种方法的结果会非常接近。在这种情况下，数据量非常大，简单的频率主义不会犯太大的错误。但是，在刚开始两次的抛掷结果均为正面朝上的情况下，谁会认为下一次抛掷得到正面朝上的概率是 1 呢？

广义的拉普拉斯定律

假设均等先验不适用。这枚硬币可能有偏倚，但不太明显，我们需要的是图 6–4 所示的先验。这枚硬币也有可能更偏向于某一面，适用的先验应该具有图 6–5 所示的特点。贝叶斯–拉普拉斯分析到底能不能保留简单容易的特点呢？答案是肯定的。我们要根据与可能性成比例的原则选择一个合适的先验密度：[4]

$$\frac{x^{(\alpha-1)}(1-x)^{(\beta-1)}}{\text{归一化常数}},$$

其中，归一化常数的作用是使先验密度的积分为 1。这就是贝塔分布（beta distribution），其形状由参数α、β确定。贝叶斯–拉普拉斯均等先验的α和β等于 1。在图 6–4 所示的第一个例子中，密度的峰值约为 1/2，α

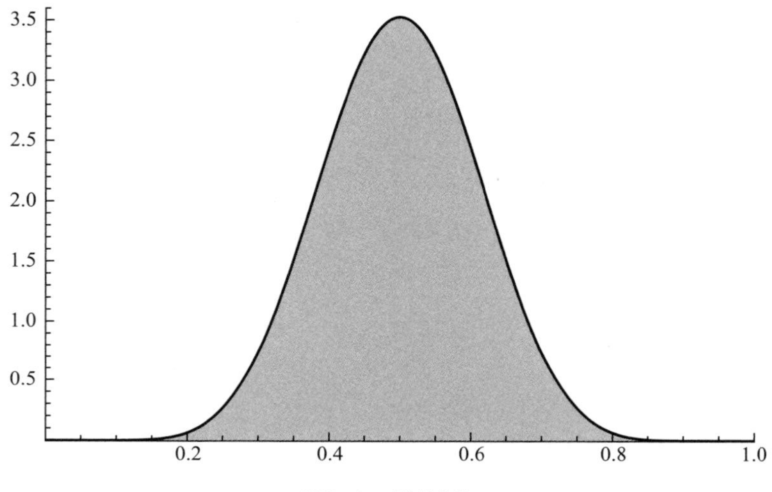

图6-4 对称的先验

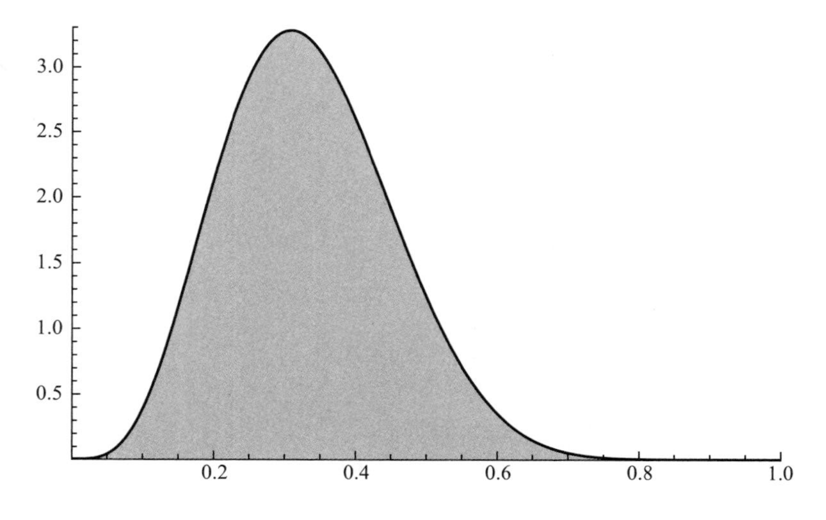

图6-5 偏倚的先验

和β等于 10。在图 6–5 所示的第二个例子中，α等于 5，β等于 10。

因为先验密度与可能性成正比，所以随着频率数据的不断积累，更新后的密度仍然会处于贝塔分布中。从参数α和β开始，经过n次实验（其中有m次成功和$n-m$次失败）后，就会得到新的贝塔密度，两个参数也分别变为$\alpha+m$和$\beta+(n-m)$。因此，根据连续律，以及N次试验取得m次成功这个证据，下一次实验的成功概率为

$$\frac{m+\alpha}{n+\alpha+\beta}。$$

显然，如果实验的次数为一个大数，相对频率m/n同样会抵消掉先验的影响，抵消速度取决于α和β的值。

如果我们在考虑下一次实验的预测概率的同时，还考虑了更新后的密度，那么上述结论也成立。假设我们进行了 100 次抛掷，得到 62 次正面朝上的结果。图 6–6 展示了均匀、对称和偏倚先验的更新密度。关于先验的不同看法似乎没有产生太大的影响。伯努利根据频率推断概率的方法此时看似问题不大，但我们现在已经知道需要做出什么样的假设才能得到那个结果。

贝塔先验分布的形状数量有限。如果你对硬币有所了解，你可能想用一种不同的形状来量化你的不知情的先验。本书作者之一（佩尔西）知道，直立旋转的硬币通常会倾向于正面或者反面，但倾向于反面的更多。如果旋转的是一枚不熟悉的硬币，佩尔西就会设定一个双峰分布的先验密度，其中稍高的峰值出现在反面朝上一侧。这种先验密度不能用一个贝塔先验分布表示，但可以用两个贝塔分布的混合表示：一个贝塔分布的峰值偏向正面朝上一侧，另一个则偏向反面朝上一侧，且后一个

权重更大。在频率证据的基础上完成更新时，可以将两个贝塔先验视为元假设（metahypothesis），把它们的权重视为先验概率，这样做比较简单。[5]

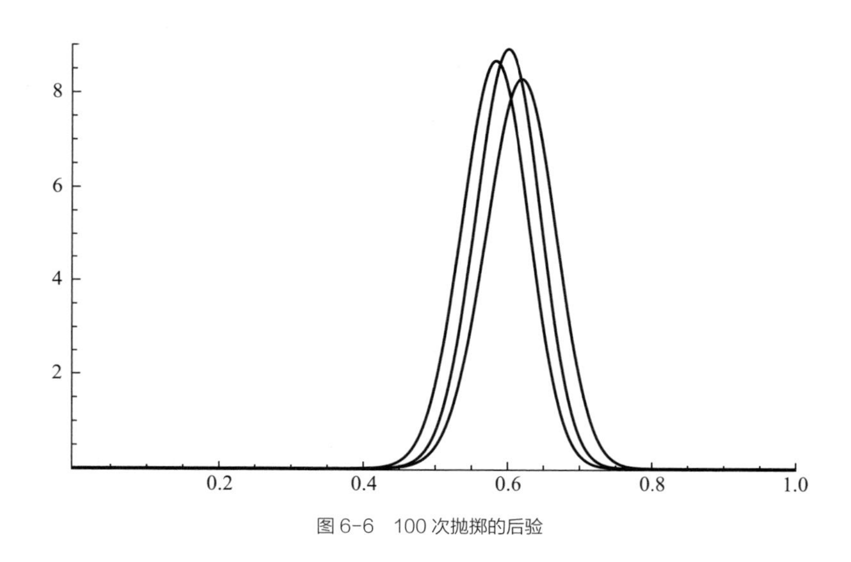

图 6-6 100 次抛掷的后验

一般情况下，在利用贝塔先验的有限组合量化先验置信状态时，有大量图形可供使用。或者说，在合理范围内你可以随心所欲地表示已知与未知信息的先验组合。同前文中所说一样，由于证据非常多，这样的细节并不重要。但是，如果你准备在接下来的几次实验中冒些风险，谨慎的做法应该是开动脑筋，把你知道的信息融入你的先验。

相容性

有一种观点认为，概率是现实世界的一种物理属性（比如，硬币的确有偏倚)。假设你接受了这种观点,并结合频率证据,在先验概率的基础上更新你的置信度。那么你一定会(或者说很有可能)获知真实的概率吗?如果你的先验是偏执的,答案就是否定的。如果你赋予硬币正面朝上的先验概率为 1(反面朝上的概率积分为 0),那么你可能永远不会发现这枚硬币其实是反面偏倚的。

无论真实的单一事件概率是多少,你都有绝对的把握知道它的大小,那么我们说你的先验是相容的。也就是说,生成的结果序列使你的置信度向真实的单一事件概率收敛(在适当的意义上)的概率为 1。上文中提到的偏执先验是不相容的,但贝叶斯均等先验是相容的。我们讨论过的所有贝塔先验及其有限组合也是相容的,所以先验具有相容性的条件并不苛刻。画出你想要的密度,只要每个概率开区间的概率为正值,你的先验就是相容的。均等先验并非不可或缺。类似的结果同样适用于掷骰子、误差分布正常的重复测度乃至任意的有限维参数模型。[6] 非偏执先验是相容的,对未知的独特量化也并非不可或缺。

为什么公开发表的研究结果大多是错的?

生搬硬套的频率主义者在检验假设时是不需要动脑筋的(参见图 6–7 中生搬硬套的频率主义者),他的任务是计算 p 值。所谓 p 值,就是随机噪声产生假阳性结果的概率。

近年来,有人尝试对一些权威心理学杂志上发表的 p 值小于 0.05 的实验结果进行复制研究,结果发现只有不足半数的实验结果是可复制的。[7] 这些复制研究进行得十分仔细,而且得到了论文作者的帮助。其他领域的复制研究面临同样糟糕的局面。约翰·伊奥尼迪斯(John Ioannidis)在

《为什么公开发表的研究结果大多是错的》一文中就这一现象做出了一些预测。[8] 伊奥尼迪斯对临床试验很感兴趣，在医疗领域，错误结果的危害性可能比心理学领域更严重。安进公司（Amgen）的科学家试图复制一些“里程碑式”的癌症临床前研究结果，最终发现只有11%是可复制的。[9] 导致这个问题的原因之一是对p值的机械应用，伊奥尼迪斯在文中写道：

> 少数方法论者指出，研究结果不可复制（缺少证据）的比例居高不下，是因为这些研究都采用了一种方便但无确实根据的策略。他们仅凭形式上具有统计显著性（通常是p值小于0.05），就宣称取得了确凿的研究结果。用p值来表示和概括研究结果是不恰当的，但糟糕的是，很多人认为只需依据p值，就可以解读医学研究论文。[10]

图6-7 “太阳刚刚爆炸了吗？”

资料来源：XKCD，关于浪漫、讽刺、数学和语言的网络漫画。

贝叶斯学派希望通过已知证据得到关于真实效果的概率，因此p值仅是他们关注的部分内容。此外，他们还关注测试的效力（power），即真实效果是一个阳性结果的概率。真实效果有先验概率，它的值可能取决于域。

举一个简单的例子。用e表示证据，用T表示真实效果，用$-T$表示没有真实效果。那么，依据该证据，有真实效果与无真实效果的概率之比为：

$$\frac{P(T|e)}{P(-T|e)}=\frac{P(T)}{P(-T)}\cdot\frac{P(e|T)}{P(e|-T)}。$$

由此可见，只看p值就会忽略一些重要的因素。

哈尔·帕施勒（Hal Pashler）和克里斯汀·哈里斯（Christine Harris）[11]在《心理科学》（*Psychological Science*）杂志关于复制研究的特刊上发表了一篇文章，指出心理学领域关于效力与先验的假设不可谓不合理，但与 5%的p值相结合，就会导致真实效果的概率不到一半。流行病学领域在分析某个效果的概率时可能需要考虑许多相关因素，但由于先验概率较低，情况可能要糟糕得多。

此外，人们还可能通过某些主动的方式得到期望的p值。有的是因为操作出了问题，因此某些轮次的实验被视为失败。有的实验者尽管做出了努力，但因为没有取得效果，所以无法公开发表实验结果。在这种情况下，纯噪声迟早会达到统计显著性水平，实验结果也得以顺利发表。又或者是实验者修改假设，以便从数据中得到一个理想的p值。这种做法被称为p值操纵（p-hacking）。[12]

尽管p值可能会带来便利，但从现在的趋势看，对p值的机械应用将被摒弃。在这个问题上，贝叶斯为我们指出了恰当的方向。将贝叶斯定理应用于全部证据，就能找到计算最终概率的正确方法。这对我们来说具有实际意义。阳性研究结果也应该报告，多项研究的结果则应该汇总报告。不应该忽视先验概率（该领域的基本水平），还应该完整报告似然比，而不能只报告p值。

贝叶斯、伯努利和频率

从贝叶斯的角度看，伯努利骗局似乎没那么糟糕。根据合理的先验和独立同分布实验提供的大量数据，认为概率接近频率的推断是有一定道理的。但是，结论合理并不代表证明过程有效。贝叶斯指出，要想证明从频率反向推断概率的做法有效，有些因素是必不可少的。

改变世界

贝叶斯的哲学理念改变了世界。关于概率，我们都有一个先验。我们获取数据，运用贝叶斯定理更新概率，最终得到一个后验。在获取数据之前，我们把已知的一切信息都归到对未知的先验之中。然后，我们输入数据并更新。这个一般性方法的应用范围很广，不仅限于抛硬币或掷骰子。我们未知的事物可能是向量、曲线或者图形的发生概率。当分析遭遇瓶颈时，我们可以使用渐进法或蒙特·卡罗模拟法。

我们已经接触到一些现代的实际应用。下面介绍的这项实际应用，人们直到最近才了解它的来龙去脉。第二次世界大战期间，英国分析人员破译了德军的密码。至关重要的是，德军对此一无所知。当时，阿兰·图灵（Alan Turing）领导的一个小组破解了德国海军的恩尼格码。此前英国人试图根据字母出现的频率来破解该密码，但没有成功。而图灵采用了贝叶斯技术，在某些情况下还进行了创新，取得了不错的效果。有的信息——比如电文来源，发送的具体时间，电文长度是否与为了迷惑英国人而发送的标准“噪声”电文相同，同一名发报员是否总以相同长度的报尾结束电文——对老式的解码技术而言是毫无作用的。但是，图灵可以运用贝叶斯定理，将所有这些信息与它们在电文中出现的频率结合起来分析。图灵的部分工作直到最近才被解密。[13] 如果没有他的这些工作，西方文明的进化历程可能会是另一番光景。所以，贝叶斯的创意真真正正地改变了这个世界。

小 结

托马斯·贝叶斯本打算回答大卫·休谟对归纳推理的质疑，结果却解决了根据频率推断概率这个基本问题。他不再纠结于“确有把握”，并用概率取而代之，从而填补了伯努利留下的空白。其中的关键点在于，我们必须用概率来表示可能性，并依据条件来更新这些概率。在这个过程中，我们根据频率证据，对概率做出判断。

贝叶斯及其后的拉普拉斯，都是以关于概率的均匀先验作为着眼点的，因为这是一个易于处理的特例。现在，我们也可以用同样的方法来处理其他情况。不同的先验概率在依据大量实验取得的相同证据完成更新的过程中，有可能越来越接近。在某些情况下，如果实验的次数达到一个大数，伯努利骗局也有可能给出近似正确的结果（但在其他情况下则并非如此）。

我们在上一堂课说过，柯尔莫哥洛夫把概率变成了数学的一个组成部分，贝叶斯把统计推断变成了概率的一个组成部分。

贝叶斯分析的所有内容都不容忽视，否则就有可能犯错。

附录 贝叶斯关于概率和统计学的思考

从贝叶斯到菲尼蒂再到本书作者，贝叶斯学派的所有人都认为概率和统计学是同一学科的不同组成部分。比如，菲尼蒂给他的著作取名《概率、归纳和统计学》（*Probability, Induction and Statistics*）。[14] 但并非所有人都同意这个观点，一大批统计学家认为统计学是一个独立学科，需要有它自己的基础。

“概率是数学的组成部分。”在一个典型的概率问题中，我们知道某个集合中的 x 概率赋值 $P(x)$，还知道结果的子集 A。我们需要根据这些已知信息，计算或近似计算 $P(A)$ 的值，即与 A 中所有 x 对应的 $P(x)$ 的总和。由于 x 属于一个大集合，A 可能非常复杂（大家可以回想一下生日问题），因此有的概率问题极富挑战性，在长达400多年的时间里让众多最优秀的数学家头疼不已。

“统计学是概率的对立面。”在一个典型的统计学问题中，我们知道概率分布族 $\mathrm{P} = \{P_1, P_2, \cdots\}$，并且知道从其中一组概率分布中抽取的 x，我们需要猜测或估算 $P_i x$ 是从哪里抽取出来的。

贝叶斯的伟大思想是，通过给不同的概率分布 P_i 指定一个先验分布 π_i，使统计学成为概率的一个组成部分。根据贝叶斯定理，在 x 被观测到之后，与不同的 i 对应的后验概率和

$$P_i(x)\pi_i$$

之间存在比例关系。因此，我们可以选择最大后验概率对应的 i（或者使某个平均损失最小化的 i）。

问题在于，贝叶斯必须指定π_i，即使对生日问题来说，这也是有难度的。生日在可能结果中的分布真的均匀吗？要不要考虑周末效应呢？（周末的人口出生率比工作日低 20%。）要不要考虑季节性影响呢？[15] 如果你知道这些知识，你的先验就应该有所体现。

不指定先验就进行统计的相关统计学文献非常多。统计学领域的"爱因斯坦"费希尔提出了最大似然法：选择使观测数据最有可能出现［$P_i(x)$值最大］的i。在π_i均匀（不受i影响）时，该方法与贝叶斯法则没有区别。[16] 当下有很多人在研究"客观贝叶斯分析"，试图将这种对应关系推广至更具现实意义的无限空间问题。

与此同时，还出现了许多不同于贝叶斯的选择i的方法，包括最小方差估计、无偏估计、卡方检验、极小化极大估计、极大化极小估计……每种方法都有其对应的贝叶斯分析：如何假设先验分布，非贝叶斯估计才会切合实际？这个问题有时会引发矛盾，因为贝叶斯估计都不是无偏估计。相关讨论引出了一条迷人的定理，其提出者亚伯拉罕·瓦尔德和查尔斯·斯坦（Charles Stein）是反贝叶斯主义的坚定者，就连他们也为该定理感到震惊。这条定理认为，粗略地说，任何合理的估计量[17] 都是某种贝叶斯先验。生物统计学家杰罗姆·科恩菲尔德（Jerome Cornfield）因此断言：

> 贝叶斯观点可以用一句话概括：任何不遵循某个似然函数和某些先验的推断或决策过程，都存在客观的、可证实的缺陷。[18] 更粗略地说，任何不愚蠢的统计程序都符合贝叶斯定理。[19]

这并不意味着贝叶斯分析总是容易的。我们以抛掷一枚真实的图钉为例。如果图钉落地后针尖朝上，则计 1；如果它落地后针尖指向地面，则计0。在经典的贝叶斯分析中，θ表示单次抛掷后针尖朝上的概率，它是未知的。假设θ的先验是均匀的，图钉已被抛掷了10次，而且从未出现针尖朝上的结果。那么，在接下来的10次抛掷中，不会出现针尖朝上的结果的概率是多少？经典计算表明，这个概率大约为1/2（11/21）。假设把数字10换成n。在n次实验未取得成功的情况下，接下来的n次实验也不会成功的概率是多少？无论之前未成功实验的次数是多少，答案同样约为1/2，即$(n + 1)/(2n + 1)$。如果这个答案在令我们吃惊之余还让我们感到失望，就说明我们假设的均匀先验可能是存疑的。

这个答案让哈罗德·杰弗里斯（Harold Jeffreys）和多萝西·林奇（Dorothy Wrinch）[20]忧心忡忡，[21]为此他们尝试了各种各样的先验。他们建议为0和1这两个位置分别赋予某个先验概率质量。如果赋予0的先验概率是1/3，赋予1的先验概率是1/3，而且两者之间的概率是均匀的，那么在已知前10次失败的情况下，接下来失败10次的概率超过90%。[22]欧文·古德（Irving Good，与图灵合作，破译了恩尼格码）称这是一种典型的虚构结果策略。[23]即使没有真的抛掷图钉，嵌在计算过程中的思想实验也表明均匀先验可能是不恰当的！一些关于贝叶斯定理稳健性的文献研究了先验变化对结论的影响，对我们有启迪作用。[24]

如前所述，贝叶斯定理的基本框架简单明了，具有相容性，但实际应用过程却复杂得多。戴维·考克斯（David Cox）在他的《统计推断原理》（*Principles of Statistical Inference*）中对此进行了翔实的描述，值得一读。[25]建立有效模型的准备工作通常被称为探索性数据分析，有其自身的理论基础。[26]

实际操作的复杂性使我们想起了阿莫斯·特沃斯基说过的一句话：“即使有统计数据，你也可能会撒谎；但没有统计数据的话，撒起谎来就会容易得多。”

第  课

菲尼蒂定理与可交换概率

布鲁诺·德·菲尼蒂

卡尔达诺知道如何根据概率推断频率，然后贝叶斯和拉普拉斯又教我们如何根据可观测的频率推断概率，这些推断过程都是在概率置信度的框架内进行的。那么，概率到底是什么呢？

我们知道如何计算概率，但我们似乎并不知道概率是什么。

布鲁诺·德·菲尼蒂让我们不要担心，因为概率根本不存在。

不过，即使我们认为概率存在，也不会有任何不合理之处。这怎么可能呢？要回答这个问题，就不得不提到菲尼蒂的伟大思想，也是本堂课要讨论的内容。

很多哲学家，尤其是大卫·休谟，认为并不存在概率这个物理量，即客观概率不存在。菲尼蒂不仅坚持这种哲学立场，而且指出，从某种精确的意义上说，即使我们摒弃客观概率的概念，也不会有任何损失，归纳推理的数学原理保持不变。

以抛掷一枚有固定偏倚的硬币为例。这些实验被视为彼此独立的，因此，它们会展现出另一个重要属性，即顺序无关紧要。也就是说，任取由正面朝上和反面朝上构成的有限序列，然后任意排列这些结果的先后顺序，得到的序列与之前序列的概率相同。我们说，该概率在不同的排列中保持不变。

换句话说，唯一重要的因素是相对频率。如果不同结果序列中正面朝上与反面朝上的频率相同，那么它们的概率相同。频率被视为一个充分统计量。“先后顺序不重要”和“唯一重要的因素是频率”，这两种说法表达的其实是相同的意思。菲尼蒂把这种属性称作可交换性（exchangeability）。

假设有一枚偏倚未知的硬币，根据贝叶斯和拉普拉斯的理论，它的先验是均匀的。在抛掷这枚硬币三次之后，包含两个正面朝上（H）和一个反面朝上（T）的结果序列有以下三种可能：

HHT,

HTH,

THH。

第一次实验的初始概率为$\frac{1}{2}$，根据拉普拉斯连续律，随后进行的实验的概率为：

$$P(\mathrm{HHT}) = (\frac{1}{2})(\frac{2}{3})(\frac{1}{4}),$$

$$P(\mathrm{HTH}) = (\frac{1}{2})(\frac{1}{3})(\frac{2}{4}),$$

$$P(\mathrm{THH}) = (\frac{1}{2})(\frac{1}{3})(\frac{2}{4})。$$

三者没有任何不同。由于连续律，三者的分母都相同，分别是 2、3、4。由于正面朝上和反面朝上的频率相同（尽管先后顺序不同），所以三者的分子也相同。需要说明的是，这是一个关于可交换性但不涉及独立性的例子。事实上，均匀先验并不是一个必不可少的条件。在独立实验中，硬币的不确定性偏倚肯定会产生可交换性置信度。

菲尼蒂证明了它的逆命题。假设你关于结果序列的置信度具有可交换性。如果无限实验序列的所有有限起始段都是可交换的，我们就称该无限序列具有可交换性。菲尼蒂证明，所有可交换性序列都可以通过这种方式得到。在偏倚问题上，概率与不确定性似乎都具有独立性，我们也似乎变成了托马斯·贝叶斯。

在贝叶斯理论中，偏倚先验是由表示定理决定的。我们把这种估算先验概率称作菲尼蒂先验。如果你对结果序列的置信度具有某种对称性，即可交换性，那么这些结果序列就好像是由偏倚未知、有菲尼蒂先验的抛硬币概率模型得到的。

因此，只要我们的置信度具有可交换性，即使我们认为概率不存在，应用贝叶斯的数学方法也不会有任何问题。

菲尼蒂定理有助于解开关于概率的先验置信从何而来的谜团。根据可交换置信度，菲尼蒂重建了抛硬币的概率统计模型和贝叶斯先验概率。归纳推理的数学原理没有任何变化。如果你忧心忡忡，急于了解贝叶斯先验来自哪里，或者概率是否存在，那么现在你不用操心了，因为菲尼蒂用置信度的对称性条件替代了这两个问题。所以，你肯定也认同这个具有哲学意义的结果。

菲尼蒂的论著

如果你希望追本溯源，彻底搞清楚这个问题，那么我们建议你读一读菲尼蒂的《概率、归纳和统计学》[1]，该书第9章对他的观点和计划做了专门介绍。其中，菲尼蒂做了一项历史比较调查，内容包括：经典表述的出现及其面临的危机，客观性概念的兴起，客观性立场的减弱，对争议性问题的批判性考察，以及如何根据主观性观点重建经典表述。虽然菲尼蒂论著的阅读难度都比较大，但内容却是最优质的。

菲尼蒂于 1937 年发表了篇幅较长且可读性较强的论文，是他早期工作成果的总结。在他的亲自监督下，这篇论文有了一个英译版，即《先见之明的逻辑规律与主观根源》(*Foresight: Its Logical Laws, Its Subjective Sources*)。[2] 一年后，他又发表了一篇受欢迎的论文（*Sur la condition d'équivalence partielle*），在对归纳推理进行深入哲学探讨的同时，他对自己早期的广泛研究成果进行了概括。[3，4]

我们继续讨论菲尼蒂的独创性定理。如果从有限序列入手，我们可能会发现这条定理更得更加浅显易懂。接下来我们就试试这个方法。

有限可交换序列

人们，包括菲尼蒂，可能担心的一个问题是对无穷性的依赖。菲尼蒂定理是一个极限结果，对有限序列的可交换概率来说是不成立的。[5] 但是，它近似于有限序列。据此，我们可以证明无穷序列的菲尼蒂定理。

假设一枚硬币被抛掷了两次，可能的结果有HH、HT、TH和TT。这些结果序列的可能概率集合是由四面体中的点组成的，顶点赋予每个结果的概率为 1。可交换性要求HT和TH具有相同的概率，由此可以确定一个从四面体中切过的平面，如图 7–1 所示。概率 (0, 1/2, 1/2, 0)——位于图中右上角——赋予HT和TH的概率分别为 1/2，它们相互不独立。如果第一次抛掷的结果为正面朝上，你就可以肯定第二次抛掷的结果为反面朝上。这就是从装有一个红球和一个黑球的罐子中不放回抽样的概率。

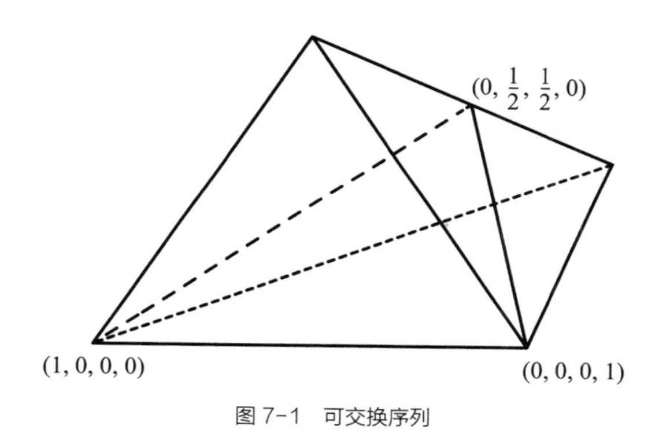

图 7-1 可交换序列

使抛硬币实验具有独立性的可交换概率来自可交换平面中的独立事件曲面（在群体遗传学中被称作莱特流形）。在图 7–2 中，平面上位于曲线下方的点是可交换概率，可以用独立事件概率的平均值来表示。而平面上曲线上方的点则是不能这样表示的可交换概率。

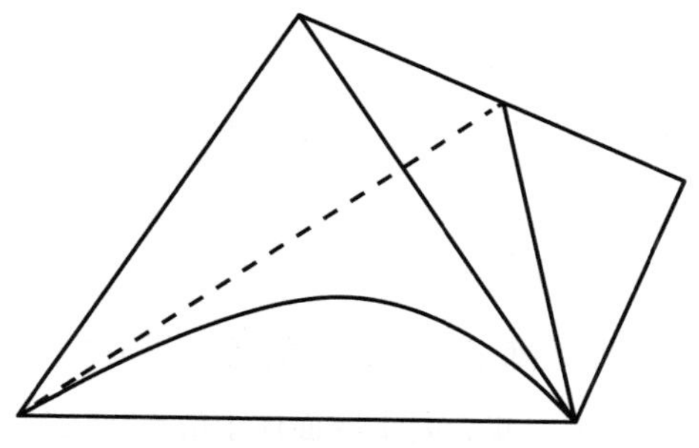

图 7-2 独立事件概率的平均值

但是，曲线上方的可交换序列可表示为，从已知组合关系的罐子中不放回抽取两个球的概率平均值。这些概率就是可交换三角形的顶点：两个红球（两个正面朝上）、两个黑球（两个反面朝上）、红球与黑球

（正面朝上与反面朝上）各一个。顶点是极值点，不能被表示为其他点的非平凡平均值。三角形中的其他点则都可以表示为顶点的平均值。

这个方法可以推广至更长的序列和更高维的几何对象。你可以选择相信这种说法并跳过本段不读，也可以选择继续读下去。考虑实验次数更多时与三角形类似形状的顶点，这些形状被称作可交换单形。单形的顶点表示从一个适当大小的罐子里不放回抽样的概率。假设一个罐子中有M个红球和L个黑球。不放回抽样的结果肯定是M个红球和L个黑球以某种顺序构成的序列。所有的结果序列都有相同的概率，所以概率是可交换的。可交换性是不放回抽样产生的一个结果。我们用e表示刚刚得到的可交换概率，并假设它是另外两个概率a和b的非平凡混合。如果结果序列不是由M个红球和L个黑球构成的，那么a和b的概率都必须是0。此外，a和b还必须保证每个由M个红球、L个黑球构成的结果序列的概率相同，原因是它们具有可交换性。因此，$a=b=e$。这不是一个非平凡平均数，而是可交换单形的一个顶点。

如果你认为可能还要做一次实验——罐子里可能还有一个球，会怎么样？如果在这种情况下你仍然认为先后顺序不重要，会怎么样？也就是说，你的置信度应该扩张为三次实验的可交换置信度。这样一来，位于三角形顶点处的点(0, 1/2, 1/2, 0)就不再是一个合适的选择了。（为什么？因为它赋予HH和TT的概率都是0。在扩张为三次实验后，它赋予HHH、HHT、TTH和TTT的概率也肯定都是0。如果它是可交换的，那么它赋予任何位置上包含两个正面朝上或2个反面朝上的任何序列的概率都是0。在扩张结果HTH和HTT的概率都必须为0的情况下，如何保证HT的概率仍为1/2？）

如图7–3所示，由于可交换概率可以扩张至三次抛掷，因此三角形顶点附近的非独立概率将被切除。

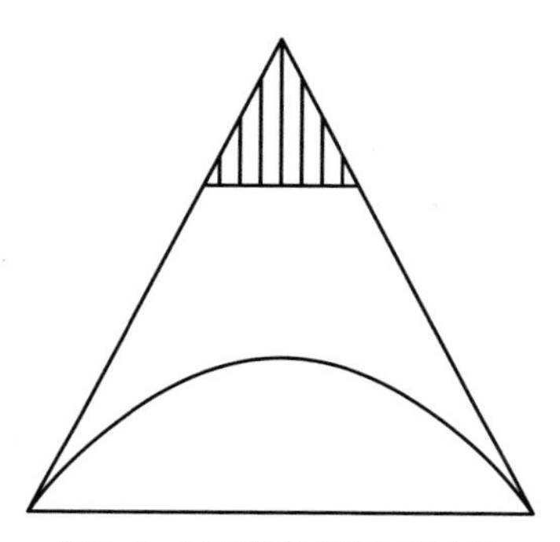

图 7-3 可交换性扩张至三次实验

可交换概率进一步扩张至更多次抛掷后将会受到更多限制，就好像从很大的罐子中不放回抽样与放回抽样非常接近一样，可交换概率也与独立事件概率的混合非常接近。本堂课的附录细致地介绍了菲尼蒂有限序列定理。

这能说明什么问题呢？如果你对对称性——概率与实验的先后顺序无关——的判断不受实验次数的影响，那么你基本上掌握了菲尼蒂定理。

菲尼蒂定理与一般可观测量

上面的讨论都是关于二元可观测量的，比如正面朝上和反面朝上，男性和女性、0 和 1 等。总的来看，这些讨论可以推广至任意可观测量，比如{红色，白色，蓝色}、{长度的连续测量值}或每日气象图。以任意空间 X 的连续测量值为例。假设我们为各种可能的结果分配了概率。那么，对于X的子集A_1、A_2和A_3，

$$P(A_1, A_2, A_3)$$

代表我们为“第一个结果在A_1中，第二个结果在A_2中，第三个结果在A_3中”分配的概率。如果先后顺序不重要，P就是可交换的。因此，

$$P(A_1, A_2, A_3)=P(A_2, A_1, A_3)=P(A_2, A_3, A_1)$$
$$=P(A_1, A_3, A_2)=P(A_3, A_1, A_2)=P(A_3, A_2, A_1)。$$

这种对称性应该适用于任意个观测结果。菲尼蒂定理认为：

$$P(A_1, A_2, \cdots, A_n)=\int P(A_1)P(A_2)\cdots P(A_n)\mu(dP),$$

从这个等式中不容易看出测度论的微妙之处。此外，μ被定义为给定集合中各个结果的极限之比。

如果X是一个两点集合，比如，$X=\{0, 1\}$，该定理就会变成前文中介绍的菲尼蒂定理的二元版本。一般来说，积分是针对X的所有概率集合进行的，而且这个集合非常大。当$X=\{0, 1\}$时，概率是由数字p（1的概率）确定的，积分就会变成：

$$\int_0^1 p^k(1-p)^{n-k}\mu(dp)。$$

对于三值可观测量，比如$\{r, w, b\}$，我们可以通过下式计算结果序列的概率：

$$P(r, r, w, r, b, b, w, r)=\int p_r^4 p_w^2 p_b^2 \mu(dp),$$

其中积分对象是由非负元素P_r，P_w，P_b构成的集合，它们的和为1。

菲尼蒂定理的一般形式看起来不可思议，但只要你稍加思考，就会

发现它不难理解。这条定理指出，我们需要思考由所有可能性构成的集合的概率μ。如果X很大，计算量就会非常大。关于这一点，我们可以找到大量深奥的文献，但实施起来仍然不容易。[6]

这引发了一个问题：要处理日常生活中彼此混杂的各种统计分布族，比如正态泊松分布、均匀分布以及其他标准分布族，除了可交换性以外，我们还需要些什么？目前，该研究领域表现出良好的发展态势。接下来，我们将对正态分布进行简要说明。[7]

菲尼蒂定理与正态分布

正态分布是应用统计研究中使用最广泛的分布族。它有两个参数：均值μ和方差σ^2。

$$f(x|\mu,\sigma^2)=\frac{1}{\sigma\sqrt{2\pi}}e^{-(x-\mu)^2/2\sigma^2}$$

其概率密度是我们熟悉的钟形曲线，如图 7–4 所示。标准的统计问题通常会先假设$X_1, X_2, \cdots, X_n$是均值为μ、方差为σ^2的独立正态变量。如果使用贝叶斯方法，我们就需要知道μ、σ^2的先验密度，于是

$$P(X_1\leqslant x_1, \cdots, X_n\leqslant x_n)=\iint\phi_{u,\sigma^2}(x_1)\cdots\phi_{u,\sigma^2}(x_n)\nu(d\mu, d\sigma^2),$$

其中$\phi(x)$是正态曲线下方x左侧的面积。

如果不提钟形曲线，我们能找出其中的对称性特征吗？回答这个问题需要用到一些数学知识。我们先来看一个重要的特例。假设我们知道

均值为0，那么上式只剩下一个参数，即方差σ^2。在这种情况下，菲尼蒂定理就会变成如下形式（相关证明工作是由戴维·弗里德曼完成的）。

定理：设$X_1, X_2, X_3, \cdots$是由可交换的实值随机变量构成的无穷序列，且满足下面这个不太明显的对称关系：

$$P(X_1 \leqslant x_1,\cdots,X_n \leqslant x_n) = P\left(\frac{(X_1+X_2)}{\sqrt{2}} \leqslant x_1,\right.$$

$$\left.\frac{(X_1-X_2)}{\sqrt{2}} \leqslant x_2, X_3 \leqslant x_3,\cdots,X_n \leqslant x_n\right)。$$

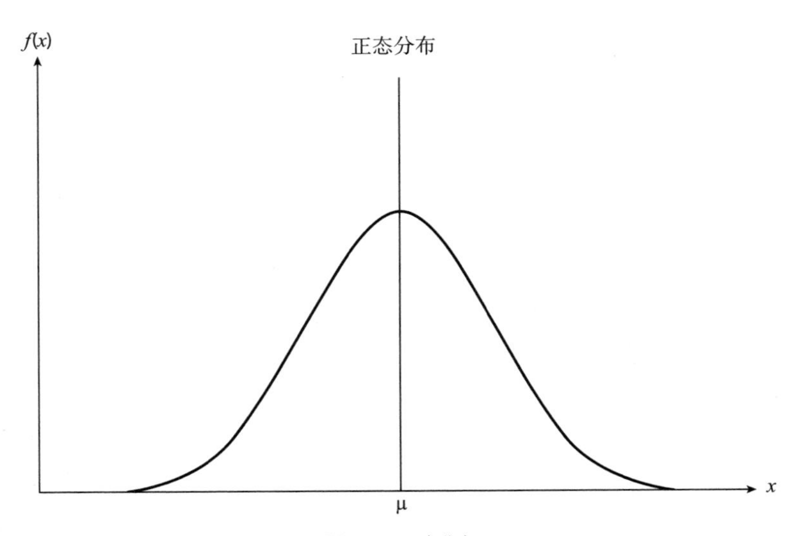

图7-4　正态分布

则存在唯一的概率v，使得

$$P(X_1 \leqslant x_1,\cdots,X_n \leqslant x_n) = \int_0^\infty \phi_{\sigma^2}(X_1)\cdots\phi_{\sigma^2}(X_n)v(d\sigma^2)。$$

大多数标准分布族都具有类似的特征。寻找更多的天然对称性特征的艰苦工作还在进行中，需要解决的问题似乎还有很多。正态分布的证明通常需要借助中心极限定理。贝叶斯学派也有自己的中心极限定理，但如何将其与菲尼蒂理论结合起来，是未来需要解决的问题。

马尔可夫链

到目前为止，一切进展顺利，但你可能和菲尼蒂一样，还有另外一个疑问。如果你的置信度是不可交换的，会怎么样？如果先后顺序会产生某种影响，会怎么样？虽然我们希望投射的数据流呈现出非常简单的模式，但在这种模式中，某次实验的结果往往取决于前一次实验的结果。因此，可交换置信度无法投射出这种模式。

早在 1938 年菲尼蒂就已经指出，有必要将可交换性扩张为部分可交换性这个更具一般性的概念。他认为，在不具备完全可交换性时，我们仍然有可能找到某些有条件的可交换性。就上文讨论的模式而言，相关的条件通常包含前一次实验的结果。在这里，我们需要引入马尔可夫可交换性（Markov exchangeability）的概念。

现在我们放宽要求，不再假设数据流没有任何模式可言，而是会呈现出最简单的模式。也就是说，我们假设某个结果的概率可能取决于前一个结果的概率。换言之，我们放宽了估算概率使实验具有独立性的假设条件，代之以实验因为真实概率而具有马尔可夫依赖性的假设。在这里，我们用马尔可夫图钉的例子来代替抛硬币。我们反复抛掷一枚图钉，它落地后有针尖朝上（PU）和针尖朝下（PD）两种状态。后一个状态出现的概率很可能取决于前一个状态。因此，我们有未知的转移概率：

	PU	PD
PU	$P(\mathrm{PU} \mid \mathrm{PU})$	$P(\mathrm{PD} \mid \mathrm{PU})$
PD	$P(\mathrm{PU} \mid \mathrm{PD})$	$P(\mathrm{PD} \mid \mathrm{PD})$

借助适当的归纳推理，我们应该可以确定这个概率。

如果长度、转移次数和初始状态相同的序列是等概率的，则随机过程具有马尔可夫可交换性。戴维·弗里德曼指出，任何稳定的马尔可夫可交换过程都能表示为稳定马尔可夫链的组合。[8] 在讨论关于马尔可夫链的另一种形式的菲尼蒂定理时，我们需要再次引入常返随机过程的概念。如果随机过程被访问无数次的概率是1，则称该随机过程处于常返态。如果所有状态都是常返态，这个过程就是常返随机过程。戴康尼斯和弗里德曼[9] 指出，常返马尔可夫可交换随机过程可唯一表示成马尔可夫链的组合形式。

部分可交换性

1938 年，菲尼蒂还思考了部分可交换性的情况。总的来说，他认为部分可交换性问题就是为事件的相似度建模：

> 但是，具有可交换性的情况只能被看作一种极限情况：从某种意义上说，这种情况下的“相似”对所有被纳入考虑范围的事件来说都是绝对的……在从具有可交换性的情况过渡至其他更具一般性但仍易于处理的情况时，我们肯定需要处理这类情况：我们考虑的事件之间仍然存在“相似性”，但却不存在可交换性这种极限情况。[10]

他用两枚形状奇特的硬币举了一个非常简单的例子。如果这两枚硬币的外观完全相同，抛掷这两枚硬币得到的结果就可以组成一个可交换序列。如果它们的外观具有相似性，那么我们希望有适当形式的部分可交换性。这样一来，抛掷硬币A就可以给我们提供一些关于硬币B的信息，但信息量不及直接抛掷硬币B。之后，他讨论了一个更有趣但基本相似的情况：新药的动物实验与人体实验之间存在部分可交换性。

硬币A的实验结果具有可交换性，硬币B的实验结果同样如此，但它们彼此之间是不可交换的。也就是说，对两枚硬币的混合实验结果序列来说，相同长度的起始段包含相同数量的硬币A正面朝上与包含相同数量的硬币B正面朝上是等概率的。

具有马尔可夫可交换性的这类情况，都可以被纳入部分可交换性的一般理论，其中充分统计量是一个非常重要的概念。充分统计量的值相等，序列的概率也相等。对简单的抛硬币来说，充分统计量就是正面朝上的频率。如果抛掷的是多枚硬币，充分统计量就是各枚硬币正面朝上的频率的向量。对马尔可夫可交换性情况而言，充分统计量就是初始状态和转移次数的向量。在每种情况下，如果条件合适，我们就会得到：第一，由概率凸集的极值点组合构成的置信度的菲尼蒂式表示，它是一个充分统计量；第二，一个收敛结果，依据经验，它将以概率 1 向其中一个极值点收敛。

小　结

贝叶斯是参数贝叶斯分析之父。他分析的概率模型——独立、同分布的抛硬币序列，有一个未知参数——硬币的偏倚。我们可以为这个参数赋予一个先验置信度，然后利用反向推理，由数据得出一个后验置信度和新的预期数据。尽管贝叶斯本人并没有这样做，但他揭示了机会、频率和置信度是如何相互作用并给出统计推断的。

菲尼蒂是主观贝叶斯分析之父。他将对称这个古老的概念应用于置信度，指出贝叶斯概率模型的元素都可以被视为对称的手工艺品，即可交换性。对于不具有可交换性的情况，菲尼蒂给出了适用于较弱对称性的相同概念：马尔可夫可交换性和更具一般性的部分可交换性。概率成了适当对称性的一种位置标记。

菲尼蒂告诉我们如何在概率不存在时推断概率。

附录 1 遍历理论——菲尼蒂定理的推广

在第 4 堂课的附录中，我们简要地回顾了乔治·伯克霍夫（George Birkhoff）[11] 于 1931 年提出的遍历定理，并视其为一个在概率和频率之间建立联系的一般性方法。现在我们需要再次回顾这个定理，并把它看作对菲尼蒂定理的一次意义深远的推广。

什么是对称？它是经过一组变换后保持不变的特征，这是赫尔曼·外尔（Hermann Weyl）在一部经典著作中对这个概念给出的明确解释。[12] 某些特征经旋转或反射后仍保持不变，这是物理对称性的常见标志。一般而言，我们有一个状态的集合和一个由其可测子集构成的集合。如果每个可测集合 A 与它的逆像 $T^{-1}(A)$ 的概率相同，那么概率测度相对于一个变换群（或半群）保持不变。随机过程相对于时间变化保持不变，这是一种特别重要的对称，具有这种特征的随机过程被称为平稳随机过程。

如果变换将可测集变成其自身（概率为 0 的集合除外），那么该可测集相对于该变换保持不变。如果不变集的概率为 1 或 0，那么概率测度相对于该变换具有遍历性。

遍历分解定理认为，每个不变概率都可以表示成遍历概率的平均值（混合）。具体来说，遍历分解定理告诉我们平稳过程可以表示成多个遍历过程的混合。二值随机变量序列的可交换概率——对实验进行有限排列时保持不变——是固定的。遍历分解概率使抛硬币的结果为独立同分布，这与菲尼蒂表示定理没有任何区别。

1962 年，戴维·弗里德曼将菲尼蒂定理推广至平稳马尔可夫可交换过程，并使用了遍历表示法。[13]

图 7-5 戴维·弗里德曼

事实上，弗里德曼证明的是一个更具一般性的结果。以一种充分统计量为特征的平稳随机过程，就是以该统计量为特征的遍历测度混合。

现在，我们知道菲尼蒂的观点可以深远地推广至概率对称性。遍历测度可以被视为客观概率假设的一个替代品。与抛硬币的例子一样，我们自以为推理的对象是客观概率，但实际上是置信度的对称性。

附录 2 菲尼蒂可交换定理

菲尼蒂认为可交换性和长期频率之间存在联系的观点，是概率原理的一个基本组成部分，因此我们有必要对其进行深入研究。下文深入细致地描述了 0/1 这种情况以及一般情况下的菲尼蒂定理。菲尼蒂定理是极限定理，只适用于无限可交换序列。但是，该定理的某些变体完全可以用来处理有限可交换序列，还可以对有限序列的无穷极限的准确性做出有效的定量估计。这些从有限到无限的结果为一般形式的菲尼蒂定理提供了证据。菲尼蒂定理可以归结为一个简单的概念：如果罐子里装有很多球——一些红球和一些白球，且你从罐子中抽取的样本很小，那么无论每次抽取后是否放回，对结果都几乎不会有影响。要精确表达这个概念，需要使用数学符号和数学知识。不过，我们在第 1 堂课上讨论过的经典生日问题，就能满足我们的需要。

适用于二值结果的菲尼蒂定理

以二元结果为例。我们称之为 0/1，但它们也可能是代表正面朝上和反面朝上的 H/T，或者是代表男性和女性的 M/W（比如家庭或医院连续出生人口的性别）。我们在深思熟虑之后做出假设，赋予潜在序列相关性概率，比如，$P(0), P(1), P(0,1), P(0,1,0), \cdots$。如果对所有的 $r \geqslant 1$ 和由 r 个 0、1 构成的所有可能序列 $e_1, e_2, \cdots, e_r$，在 e_i 改变先后顺序的情况下 P 保持不变，则赋值 $P(\cdot)$ 具有可交换性。因此，

当 $r=2$ 时，$P(01)=P(10)$,

当 $r=3$ 时，$P(011)=P(101)=P(110)$，$P(001)=P(010)=P(100)$,

以此类推。先后顺序不会产生任何影响。

P的值可能只在r取固定值（比如，$r = 100$）时才是确定的。如果对所有的$R > r$，长度为R的序列都可以定义一个具有可交换性的$\tilde{P}$，且对于其前面的r个坐标，$\tilde{P}$的值受到P的限制，那么我们说P是可扩展的。因此，我们可以考虑更多类似的数据，并使用菲尼蒂定理：

定理（适用于二值的菲尼蒂定理）：设P是赋予二值序列的可交换和可扩展概率，则$[0,1]$上存在唯一的先验概率μ，使下式对所有n和所有序列$e_1, e_2, \cdots, e_n$均成立：

$$P(e_1, \cdots, e_n) = \int_0^1 \theta^s (1-\theta)^{n-s} \mu(d\theta), \tag{1}$$

其中s表示$\{e_1, e_2, \cdots, e_n\}$中 1 的个数，且$s = e_1 + \cdots + e_n$。此外，$P$赋予下列事件的概率为 1：

$$\{前n位中1的比例的极限值为\theta\} \tag{2}$$

且

$$P(\theta \leqslant x) = \mu(0, x]。 \tag{3}$$

通俗地讲，在知道可交换的P之后，贝叶斯主义者就可以确定长期频率的存在（2），还可以确定P可以表示成一组抛硬币结果的混合（1）。混合分布μ可以确定为长期频率分布（3）。接下来，我们将介绍广义菲尼蒂定理。随后，我们将举一个广义菲尼蒂定理的特例，来解释和证明菲尼蒂定理。

广义菲尼蒂定理

除了0和1以外，我们还有大量有趣的观察结果。滚动的骰子可以产生{1, 2, 3, 4, 5, 6}的结果，连续出生的婴儿身高可能是任意实数，年度气温图是随机曲线。一般来说，假设X是可能结果的任意集合，则由X个值构成的结果序列可以被赋予概率。比如，如果A、B、C是X的子集，则$P(A, B, C)$可以被解释为赋予第一个结果在A中、第二个结果在B中且第三个结果在C中的概率。可交换性赋值必然使赋予所有排列的概率都相同。在本例中，

$$P(A, B, C) = P(A, C, B) = P(B, A, C) = P(B, C, A)= P(C, A, B) = P(C, B, A)。$$

这样的赋值常常是自然而然的。以一家大型医院出生的前三个婴儿（从午夜开始统计）的身高为例，其中

$$A = \{身高 \leqslant 20 英寸\}，B = \{身高 > 18 英寸\}，$$
$$C = \{身高在 16 英寸到 25 英寸之间\}。$$

菲尼蒂定理基本上适用于这些概率。①

定理（广义菲尼蒂定理）：假设P是集合X中结果序列的可交换和可扩展概率，则存在唯一的先验分布μ，使下式对所有n和所有子集序列A_1, A_2, ⋯, A_n均成立：

$$P(A_1, A_2, \cdots, A_n) = \int_{\mathcal{P}} F(A_1)F(A_2)\cdots F(A_n)\mu(dF)。 \quad (4)$$

① 准确地说，X必须是一个完整的可分度量空间，但这些细节可以弱化。

此外，对于任意子集A，P赋予下列结果的概率均为 1：

$$\{A\text{中前}n\text{次实验的比例的极限值为}l\} \quad (5)$$

且

$$\mu(L) = P\text{赋予的概率在}L\text{中的极限比值为}l\text{。} \quad (6)$$

备注：接下来，我们尝试解释（4）（5）（6）中的一些符号，以便与等式（1）（2）（3）进行比较。首先，等式（4）左边的$\mathcal{P}$是已知的可交换概率。等式（4）右边的$\mathcal{P}$是$\mathcal{X}$的所有概率的集合，μ是$\mathcal{P}$的概率分布（概率的概率！）。在本附录开头讨论的 0/1 的情况，$\mathcal{X} = \{ 0,1 \}$的概率集合可以用$[0,1]$确定，$[0,1]$中的θ表示下一次实验的概率，它的值是 1。

在当前这种情况下，F是$\mathcal{X}$的一个固定概率，等式（4）的意思是所有可交换的P都可以唯一表示成独立同分布实验（常见分布F）的混合。混合测度μ是F的一个先验概率，等式（5）（6）表明μ取决于P。非参数贝叶斯统计经常通过确定μ的值来定义P，切记要深思熟虑。这可能是一项艰巨的任务，但它也是研究和应用前沿的一个热门话题。

在这堂课上我们了解到，如果只考虑有限可交换序列，（4）（5）（6）等定理可能会不成立。事实证明，针对有限序列的菲尼蒂定理非常有用。在后面的几堂课上，我们会讨论如何将极限引入有限序列定理，从而得出无限序列定理。

菲尼蒂有限序列定理

我们从二值的情况入手。令$n \geqslant 2$，考虑可交换赋值：

$$P(e_1, e_2, \cdots, e_n)，e_i 为 0 或 1。$$

下面，我们来证明P可以唯一表示为“罐子测度”的混合。假设一个罐子中有n个球，其中r个球标记为o，$n-r$个球标记为 1。将球均匀混合，然后按照随机的顺序将它们逐个取出，就会得到一个长度为n的结果序列，其中有r个 0 和$n-r$个 1。我们将这种生成序列的方式称作P_r，则

$$P_r(e_1, \cdots, e_n) = \begin{cases} \frac{1}{\binom{n}{r}} & 如果 e_1 + \cdots + e_n = r \\ 0 & 如果 e_1 + \cdots + e_n \neq r \end{cases}$$

定理（适用于有限二元序列的菲尼蒂定理）：设P是长度为n的二元序列的可交换概率，则$\{0, 1, \cdots, n\}$存在唯一的先验分布μ，使下式对所有的$e_1, \cdots, e_n$均成立：

$$P(e_1,\cdots,e_n) = \sum_{r=0}^{n} P_r(e_1,\cdots,e_n)\mu(r)。 \quad (7)$$

此外，

$$\mu(j) = P\{j 个 1\}。 \quad (8)$$

证明：这个定理的证明非常简单，我们用一句话就可以完成，因为

它就是全概率定律。对于任意序列A的集合，

$$P(A)=\sum P(A\mid 1\text{ 的个数为 }r)P\{1\text{ 的个数为 }r\}。$$

根据可交换性，已知n个结果中有r个正面朝上，P为包含r个正面朝上的所有序列赋予的概率都相等。因此

$$P(A\mid 1\text{ 的个数为 }r)=P_r(A)。$$

根据等式（7）（8），我们只需确定$\mu(j)=P\{1\text{ 的个数为 }j\}$，就可以完成这个定理的证明。

罐子中标记为 0 或 1 的球没有任何特别之处。设$\mathcal{X}$是任意集合，在这里我们说的是真正意义上的任意集合，包括实数集、向量集、曲线集等。假设罐子u中有n个球，每个球上都标有集合$\mathcal{X}$中的一个元素（元素可以重复使用）。设H_u为从罐子u中随机不放回抽样n次的概率分布，M_u为n次随机有放回抽样的概率分布。H表示超几何分布，M表示多项分布。

定理（有限序列形式的广义菲尼蒂定理）：设$\mathcal{X}$是一个集合，P是从$\mathcal{X}$中选取的长度为n的序列的可交换概率，则存在唯一的概率$\mu(u)$，使

$$P(A)=\sum_u H_u(A)\mu(u)\text{，其中 A 是序列构成的任意集合。} \quad （9）$$

在等式（9）中，

$$\mu(u)\text{ 是 }P\text{ 赋予由 }u\text{ 产生的序列的概率。} \quad （10）$$

该定理同样可以用全概率定律来证明，其证明过程与二值的情况完

全相同。严格地说，如果$\mathcal{X}$是无限集合，就应该将上式中的求和运算换成积分运算。再一次，我们认为这种细微的差别可忽略不计。

根据这些定理，我们可以给出菲尼蒂定理的独特表示：一般性的可交换概率是简单抽样分布的混合。由于有放回取样和不放回抽样得到的样本非常接近，使得可交换概率与多项分布的混合也很接近。

有限序列定理中的显式边界

假设$\mathcal{X}$是任意集合，$\mathcal{P}$是$\mathcal{X}$的所有概率的集合。对于$F \in \mathcal{P}$，设F^k是长度为k的序列的独立概率，则对于$\mathcal{X}$的子集A_i，有$F^k(A_1,\cdots, A_k) = F(A_1)F(A_2)\cdots F(A_k)$。如果$\mu$是$\mathcal{P}$的概率，则设

$$P_{\mu k}(A) = \int_{\mathcal{P}} F^k(A)\mu(dF)。 \qquad (11)$$

设P是长度为n的序列的可交换概率。对于$1 \leqslant k \leqslant n$，设$P_k$是前$k$个坐标的边缘分布。于是，

$$P_k(A_1,\cdots, A_n) = P(A_1, \cdots, A_k, X, \cdots, X)。$$

定理：设$\mathcal{X}$是一个集合，P是长度为n的序列的可交换概率，则P存在概率μ，使下式对所有的$k \leqslant n$和任意集合A均成立：

$$|P_k(A) - P_{\mu k}(A)| \leqslant \frac{k(k-1)}{2n}。$$

因此，如果n相对于k^2来说是一个大数，通过独立同分布概率的混合，就可以均匀地逼近具有可交换概率的前k个坐标。在这种情况下，菲尼蒂定理是成立的！人们经常反向应用这个定理：假设P是长度为k的序列的可交换概率，且可以扩张为长度为n（可以想象，我们将得到更多相似数据）的序列的可交换概率，P差不多就是独立同分布概率的混合。

其证明方法简单明了。大家应该还记得，如果u中有n个用$\mathcal{X}$中的不同元素（元素可重复使用）标记的球，采取有放回抽样或不放回抽样的方式，就会得到多项分布M_u和超几何分布H_u。对于$1\leqslant k\leqslant n$，设M_{uk}和H_{uk}是长度为k的序列生成的概率。

引理：对于任意集合A和任意罐子u，都有

$$|M_{uk}(A)-H_{\mu k}(A)|\leqslant\frac{k(k-1)}{2n}。$$

证明：为了不失一般性，设$\mathcal{X}=\{1, 2, \cdots, n\}$和$u=\{1, 2, \cdots, n\}$，则对于$\mathcal{X}$中的任意序列$\boldsymbol{x}=(x_1, \cdots, x_k)$，有

$$M_{uk}(\boldsymbol{x})=\frac{1}{n^k}$$

$$H_{uk}(\boldsymbol{x})=\begin{cases}\dfrac{1}{n(n-1)\cdots(n-k+1)} & \text{如果所有的}x_i\text{均不相同}\\ 0 & \text{除以上条件外的其他情况}\end{cases}$$

由此可见，最糟糕的情况是$A=\{x$: 所有的x_i均不相同$\}$。在这种情况下，由于$H_{uk}(A)=1$且$M_{uk}(A)=n(n-1)\cdots(n-k+1)/n^k$，通过直接计算得出

$$|M_{uk}(A)-H_{\mu k}(A)|=1-\frac{n(n-1)\cdots(n-k+1)}{n^k}。$$

通过$(1-x)(1-y)=1-x-y+xy\geqslant 1-x-y$（$x, y>0$时），可得

$$\frac{n(n-1)\cdots(n-k+1)}{n^k}=(1-\frac{1}{n})(1-\frac{2}{n})\cdots(1-\frac{k-1}{n})$$

$$\geqslant \frac{1+\cdots+k-1}{n}=1-\frac{k(k-1)}{2n}$$

因此，对于任意A，都有

$$|M_{uk}(A)-H_{\mu k}(A)|\leqslant \frac{k(k-1)}{2n}。$$

备注：请注意，上述计算过程求解的只是以有放回抽样的方式从$\{1, 2, \cdots, n\}$中抽取大小为k的样本且所取元素均不相同的概率。这恰好就是我们第1堂课讨论的生日问题。显然，对选取的样本A而言，$|M_{uk}(A)-H_{uk}(A)|\geqslant 1-e^{-k(k-1)/2n}$。因此，我们的分析结果很明显：要使这两个分布彼此接近，k^2/n必须很小。

综上所述，我们可以设P是长度为n的序列的可交换概率。我们已经知道，P可以精确地表示成罐子测度H_u的混合。混合测度μ可直接由P生成：从P中取样时，样本赋予罐子u的概率是多少？于是，

$$|P_k(A)-M_{\mu k}(A)|=\left|\int H_{uk}(A)\mu(du)-\int M_{uk}(A)\mu(du)\right|$$

$$\leqslant\int|H_{uk}(A)-M_{\mu k}(A)|\mu(du)\leqslant\frac{k(k-1)}{2n}$$

至此，广义菲尼蒂定理证明完毕。

备注：当然，从适用于任意X的菲尼蒂定理可以得到适用于$\mathcal{X}=\{0, 1\}$

的菲尼蒂定理。在这种情况下，某些分析结果还可以更明显。通过进一步明确从只装有两种球的罐子中有放回抽样和不放回抽样的界限，戴康尼斯与弗里德曼证明了以下定理。

定理：设P是长度为n的二元序列的可交换概率，则 [0, 1] 必然存在概率μ，使下式对于任意集合A均成立：

$$|P_k(A) - P_{\mu k}(A)| \leqslant \frac{4k}{n}$$

因此，只要k/n很小，就可以满足需要（无须要求k^2/n很小）。

从有限到无限

和前文一样，在推导适用于无限可交换序列的菲尼蒂定理的常见形式时，最后一步也需要引入极限。设P是集合X的元素构成的无限序列的可交换概率，则对所有n和所有X的集合$A_1, A_2, \cdots, A_n$而言，$P(A_1, A_2, \cdots, A_n)$是确定的，且具有可交换性和可扩展性。根据前文中讨论的主定理，必然存在一个混合测度μ_n（之所以用这个符号，是因为该测度取决于n），使下式对于任意的$k \leqslant n$均成立：

$$|P(A_1, \cdots, A_k) - P_{\mu k}| \leqslant \frac{k(k-1)}{2n}。$$

让k取固定值，而n趋于无穷大，则在适当的意义上，$\mu_n s$有极限值μ。因此，

$$P(A_1, \cdots, A_k) = P_{\mu k}。$$

在μ保持不变的条件下，上式对所有的k均成立，由此可知$P = P_\mu$。

由所有概率$\mathcal{P}$构成的空间中存在极限μ_n，这是泛函分析的一个经典组成部分。该极限是对$\mathcal{X}$的温和的限制。事实上，莱斯特·杜宾斯（Lester Dubins）和弗里德曼告诉我们，等式$P = P_\mu$对完全一般的$\mathcal{X}$可能并不成立，原因在于选择公理、不可测集等奇特的集合论概念。对任何可理解的现实情况，菲尼蒂定理都成立。

菲尼蒂定理有一个有限附加形式，对任意$\mathcal{X}$均成立。

第 8 课

如何用图灵机生成随机序列？

佩尔·马丁-洛夫（Per Martin-Löf）

计算机能生成随机序列吗？随机数生成程序自称可以做到这一点。大自然能产生随机序列吗？我们真的清楚客观随机序列到底是什么吗？你们应该记得我们在第4堂课上讨论的冯·米塞斯理论，即使在高度理想化的水平上，它也没有达到令人满意的程度。

不仅如此，随机序列在实践层面上同样非常重要。在科学生活的方方面面，模拟都能找到用武之地，而只要用到模拟，就离不开随机数。间谍、银行以及倡导安全通信和安全交易的互联网，都要使用密码，密码也离不开随机数。但事实证明，这些随机数往往不是完全随机的，科学研究与安全保密领域的事故有时就是它们导致的。

生成与测试随机数的努力具有深刻的哲学意义。本堂课我们将从实践入手，然后介绍逻辑学家在定义完全随机性方面做出的努力，最后综合讨论这两个方面的情况。

随机数生成器

计算机处理的通常是有限事物。我们先来看一个应用广泛的简单例子：利用自然数 $\{0, 1, 2, \cdots, N\}$ 生成随机数。也就是说，人们希望在均匀分布且相互独立的自然数范围内生成序列 $X(1), X(2), X(3), \cdots$

他们采用的是一些确定性的标准方案。他们先“以某种方式”（例如，人工输入一个数，或者利用当天时间的毫秒数）选择 $X(1)$ 作为生成随机数的种子，然后利用下式生成随机数：

$$X(n+1) = f[X(n)],$$

其中，f 是一个固定函数。RANDU 就是一个经典的例子，它使用的函数是 $f(j) = 65\ 539 \times j \pmod{2^{31}}$。RANDU 是 20 世纪 60 年代的一个应用广泛的随机数生成器，但后来人们发现，在用 RANDU 生成三维的随机点（点的坐标是三个连续的“随机”数）时，这些点会集中在某些平面上。这绝对不是随机的结果！1968 年，乔治·马尔萨利亚（George Marsaglia）公布了一份证据，证明与 RANDU 同属一个大类的所有随机数生成方案都存在同样的缺陷。[1]

更复杂的随机数生成器使用的是高阶递归函数。$X_{n+1} = X_{n-24} \cdot X_{n-55} \pmod{2^{32}-1}$ 是随机数生成器的一个早期经典案例，[2] 也是本书作者最喜欢的一个，该程序启动所需的种子 $X_1, X_2, \cdots, X_{55}$。现代最流行的生成器——梅森旋转（Mersenne Twister）算法，[3] 也采用类似的随机数生成方案。

这些方案有效吗？答案既是肯定的，也是否定的。对某些任务来说，比如求积分和玩电脑游戏，这些方案通常很有效。不过，它们也留下了一长串的失败纪录。《纽约时报》1993 年的一篇报道 [4] 称，人们曾利用几种新的经过改进的随机数生成方案，求解一个统计物理问题的若干常见实例的结果。通过解析，人们已经知道该问题的正确解，但这些随机数生成方案却都失败了。今天的老虎机使用的就是上文中描述的那些简单生成器，据我们所知，这个事实已被赌场骗子掌握并加以利用。他们通过数百次的观察，了解拉下拉杆的结果，继而洞悉了 N 和 $f(i)$ 的秘密。之后，根据当前的 $X(n)$，就可以推断出 $X(n + 1), X(n + 2), \cdots$。他们在赌场伺机而动，等到累计奖金金额非常高时，就会“一不小心”把咖啡洒在正在玩老虎机的玩家身上。（“哎呀，衣服清洗费算我的，请收下这个 50 美元的筹码吧。”）。然后，他们就会堂而皇之地坐到那台老虎机前，拉动拉杆，满载而归。关于银行诈骗和计算机系统遭黑客入侵的报道也不绝于耳。

既然赌场、银行和美国中央情报局（CIA）都束手无策，就说明他们面对的可能是一个根本性问题！随机数通常需要通过一系列随机测试（ad hoc test）。例如，高与低是否会像抛硬币时的正反面那样交替出现？由三个奇数、偶数构成或有类似结构的连续集合是否具有随机性？这些测试囊括了许多常识，但我们必须记住，需要使用随机数的任务多种多样。随机数生成器在某些测试中表现良好，而在其他测试中则未必如此。

高德纳（Donald Knuth）的随机数生成器接受的是生日间隔测试。利用生成器在 1 到 1 000 000 之间生成 $X(1), X(2), \cdots, X(500)$，并排序（例如，按由小到大的顺序），然后观察最大数与第二大数之间的间隔，第二大数与第三大数之间的间隔，……最后统计重复出现的间隔值的个数。从理论上说，重复次数的近似分布是可以确定的，而高德纳生成器得出的结果却非常大，是理论值的 16 倍。有人宣称某些测试具有通用性，如果你通过了这个测试，就一定可以通过一系列的其他测试。例如，谱测试（spectral test）就是一个通用测试。但是，这些测试受到诸多限制，应用范围不广。

于是，人们转而求助大自然。毕竟，量子力学和热噪声（thermal noise）应该具有真正的随机性。有一次，几名优秀的物理学家找到我们，询问如何在他们的著作附赠的光盘中存储大量的随机比特。[5] 最后，他们找到了一个方法。他们先找来一个漏电的电容器，通过延时测量方法测出电噪声，并得到一长串随机的二进制数字。但测试表明，这些数字的随机性不强，从中可以看出周期性波动，而且这些波动可以追溯至 24 个小时的电力供应变化！他们生成了 1 000 个这样的数字串，并将相同位置上的数字相加，然后用它们的和（模 2 运算）组合成一个包含 1 000 个二进制数字的数字串，再利用数据加密标准，对这个数字串进行排序。最后得到的结果就是他们需要的随机比特。

人们还提出了其他许多方法，例如，利用盖革计数器探测到的量子力学波动，或者利用熔岩灯。这些方法可以相互结合，也可以与前文中描述的确定性数字生成器结合使用。由于没有理论上的保证，对如此重要的工作而言，这一切似乎显得没什么计划性。

但是，曼纽尔 · 布卢姆（Manuel Blum）、希尔维奥 · 米卡利（Silvio Micali）等人利用复杂性理论的逻辑取得了一些进展，让人们看到了希望。[6] 他们的随机数生成器有一个特点：如果它没有通过任何一个多项式时间测试（polynomial time test），它就会给出一个明确的因式分解方法，而且分解速度远快于任何已知方法。（因此，如果因式分解的难度大，我们的数据就会很安全。当然，如果因式分解可以有效地完成，一切就难说了。）实质上，这与本堂课后面讨论的算法复杂性十分接近。

在结束实践领域的讨论之前，我们想就随机数生成器的应用提出一些实用建议：

至少使用两个生成器，以便比较它们给出的结果。我们推荐使用梅森旋转算法和数值分析方法库（Numerical Recipes）提供的一个生成器。

输入一个理论上已知答案的问题，和其他模拟程序同时运行。

用驾驶汽车的态度来使用随机数生成器，只要小心谨慎，就可以保证安全性和有效性。

随机算法理论

1966 年，佩尔·马丁–洛夫发表论文《随机序列的定义》（*The Definition of Random Sequence*），我们本堂课要介绍的第 8 个伟大思想随机算法理论，随之迎来了它的现代形式。[7] 计算理论使客观随机序列（完全随机序列）的概念实现了精确化。

第 4 堂课告诉我们，随机算法理论解决的问题是理查德·冯·米塞斯于 1919 年提出来的。冯·米塞斯希望建立随机现象的理想化数学模型，从而为概率的现实应用奠定基础。我们可以认为，他试图用这个方法回避小概率事件不会发生的谬论。正常的做法似乎是从抛硬币的随机过程入手，然后指出得到的随机序列“确有把握”具有某些特性。但冯·米塞斯并没有这样做，他希望直接给出随机序列理论。

我们可以回顾一下他的研究：第一，由 0 和 1 构成的随机序列应该有相对频率极限；第二，利用位置选择容许函数选出的任何无限子序列，相对频率极限都应该相同。（容许的概念有待定义。）例如，考虑 1 和 0 交替出现的序列：

1010101010101010101010101010101010…

1 的相对频率极限是 1/2。但是，利用位置选择函数选择序列的奇数位元素，就会得到

111111111111111111111111111111111111…

而选择序列的偶数位元素的结果是

000000000000000000000000000000000000…

相对频率极限分别变成了 1 和 0。

冯·米塞斯的随机序列存在吗？这取决于位置选择容许函数的类型，如果位置选择函数太少，那么选择的结果明显是非随机序列。举一个极端的例子，假设我们只有上文中提到的两个位置选择函数，那么序列

11001100110011001100…

就会被视为随机序列，因为这两个位置选择函数选择的结果都是下面这个序列

1010101010101010…

它的相对频率极限与原序列相同，都是 1/2。（注意，这些例子都会从上面逼近相对频率极限，例如，1, 1/2, 2/3, 1/2, 3/5, 1/2, 4/7,…。）

但是，你可以轻易地想到一个可以改变相对频率的位置选择函数，例如，每隔三位选择一个元素。然后，根据扩展的位置选择类型，你可以轻易地构建一个随机序列。

这引发了一个普遍性问题。如果有很多位置选择函数，会怎么样？我们能不能根据所有位置选择函数，设计出一个随机序列呢？答案取决于你对“很多”的理解。

冯·米塞斯[8]的批评者迅速指出，如果集合论意义上的所有函数都包括在内，就不可能有随机序列。亚伯拉罕·瓦尔德[9]（他认为函数不是集合，而是可以明确描述的规则）证明，任意给定一个位置选择函数的可数无限集合，都可以设计出与该位置选择函数类型相关的冯·米塞斯随机序列。至于是否存在可用的自然函数集，瓦尔德并没有给出答案。

直到 20 世纪 30 年代，图灵、库尔特·哥德尔（Kurt Gödel）、邱奇和斯蒂芬·克莱尼（Stephen Kleene）发展了可计算性理论后，这个问题才终于有了答案。把可计算性应用于冯·米塞斯对随机序列的定义，是邱奇于 1940 年提出的一个观点。[10]

邱奇指出，将位置选择容许函数看作可计算函数，即可由图灵机执行的函数。

这似乎是一个自然的选择。因为图灵机的数量是可数的，而序列的数量则是不可数的，从这个意义上看，随机序列的数量有很多。

不幸的是，这个定义存在一个缺陷。冯·米塞斯–邱奇随机序列缺少了某些其应该具备的特征。虽然某些序列在这个意义上是随机的，但它们只从一侧逼近相对频率极限，这意味着它们很容易被用作赌博策略。冯·米塞斯认为，成功赌博系统的不可能性是随机序列的必要条件：

> 通过概括总结庄家的经验，我们从中推导出赌博系统不可能性原理。就像物理学家信奉能量（守恒）定律一样，我们把赌博系统不可能性原理视为概率论的基础。[11]

既然这些序列违反了上述原理，那么它们几乎不可能成为抛掷质地均匀硬币的结果范例。

从更深层的意义上看，邱奇应用可计算性来定义随机性的想法是正确的，但是应用方式出了问题。事实上，博彩系统的脆弱性与可计算性无关。1939年，[12]让·维勒指出，对任何位置选择函数的可数集而言，都有一个冯·米塞斯随机序列，其中H的相对频率为1/2，但除了有限个起始段以外，H的相对频率都不小于1/2。（前文中列举的序列10101010…和110011001100…就具有这个特点。实际上，瓦尔德为证明冯·米塞斯的定义而建立的随机序列也具有这个特点。）邱奇提出的位置选择函数集合是可数的，因此它也面临这个问题。

问题的根源不在于应用可计算性。相反，冯·米塞斯仅凭位置选择函数来定义随机性的想法似乎是存在缺陷的。

邱奇–冯·米塞斯随机性只要求随机序列通过一种随机性测试，但通过一种测试的序列有可能无法通过另一种测试。我们希望随机序列可以通过所有应用可计算性的随机性测试。

1966年，佩尔·马丁–洛夫发现了一个可行性方法。[13]我们将看到，还有另外两种明显不同的方法，但最终人们发现它们与马丁–洛夫的方法有异曲同工之妙。

可计算性

如果你掌握了一门计算机编程语言，那么你已经知道了什么是可计算性。任何一门语言使用的计算函数都一样，只不过编写的程序长短不同。我们在这里简要地介绍可计算性理论的诞生过程，是因为它为我们提供了一个案例研究的机会，有助于我们了解如何利用数学对一个哲学概念做出明确可靠的解释。

什么是计算？这是一个至少可以追溯到托马斯·霍布斯（Thomas Hobbes）和莱布尼茨的哲学问题。霍布斯认为，所有的思想活动都是一种计算，这个观点在 20 世纪后期的人工智能领域再一次焕发生机。莱布尼茨设想了一种表达思想的通用语言和一个有效推理的规则体系，两者结合，就可以将任何真理一步一步地简化为一种特性。经验真理总结的是上帝为什么决定创造出我们这个世界而不是其他世界，因此有无数个步骤。而数学真理只需要有限的步骤，所以在原则上，任何数学问题都可以通过逻辑分析来解决。为此，莱布尼茨既研究了形式逻辑，又研究了计算机的发明和构造。

莱布尼茨的研究不涉及神学内容，它的影响力一直延续到 20 世纪，在伯特兰·罗素（Bertrand Russell）和戴维·希尔伯特的身上都有所体现。罗素认为，所有的数学问题都可归结为逻辑问题。希尔伯特认为，所有数学问题都可以解决。希尔伯特在表述判定问题（Entscheidungsproblem）时，为了激发人们寻找答案的兴趣，对计算问题做了足够明晰的说明："是否存在一种算法，在输入的数学命题为真时输出的结果为 1，反之输出的结果为 0？" 1928 年，希尔伯特和阿克曼（Wilhelm Ackermann）[14] 在讨论一阶逻辑①时特别提出了这个问题："如果我们知道某个程序可以通过有限的操作步骤，判断任意给定逻辑表达的有效性或可满足性，判定问题就迎刃而解了。"邱奇和图灵利用哥德尔率先提出的想法，几乎同时发现了一个否定的答案。莱布尼茨错了！

① 一阶逻辑主要是通过引入量词、个体词和谓词来解决"命题逻辑"对一些命题表达的局限性问题。——编者注

分析首先需要精确的计算理论，因此人们提出了许多迥然不同的观点。

图灵的可计算性理论

在 20 世纪初，负责完成计算工作的是人。他们坐在桌子旁，按照指令，用纸和铅笔完成各种计算。图灵通过允许无限量供应纸张，让计算过程抽象化，从而提出简单直观的图灵机概念。大家可以想象一下，用于计算的一张张纸串在一起，形成一条前不见头、后不见尾的纸带。每张纸都是纸带的一个单元。在任何时候，图灵机的头部都正好在某个单元上，扫描写在该单元上的内容——可能是 0、1 或 B（即空白）。有一个单元比较特别，叫作起始单元。此外，还有一系列有限的内部状态，其中包括一个特殊的起始状态。根据扫描到的符号和图灵机的内部状态，图灵机会执行下列操作：

图 8-1 阿兰·图灵

在扫描的单元中写入 0、1 或 B。

向左或向右移动一个单元。

操作完成后，图灵机（可能）就会进入一种新状态。因此，机器在离散时间内的动态表现出四元数集合的特征：

＜当前状态，扫描到的符号，操作，新状态＞。

所有四元数集合的前两个元素都不相同，而机器的动态是确定性的。如果机器处于某种状态，而扫描到的符号在指令集中找不到与之相对应的四元数集合，机器就会停止运行。

举个例子。机器启动时，纸带是空白的，我们称这种起始状态为 S_0。然后，它输入一个 0，进入状态 S_1。这是通过下面这个四元数集合实现的：

$$<S_0, B, 0, S_1>$$

现在，机器处于状态 S_1，并扫描到它刚刚输入的 0。下面这个指令告诉它向右移动一个单元，进入新状态 S_2：

$$<S_1, 0, R, S_2>$$

现在，机器再次扫描到空白，但它处于状态 S_2。下面这条指令告诉它在该空白处输入 1，进入状态 S_3：

$$<S_2, B, 1, S_3>$$

现在，机器处于状态 S_3，扫描到的符号是 1。下面这条指令告诉它向右移动，回到状态 S_0：

$$<S_3, 1, R, S_0>$$

现在，机器就像启动时一样，处于状态 S_0，并扫描到空白。根据这 4 条指令，图灵机将输出无限序列

01010101010101…

除了纸带是无限的，图灵机的其他一切（状态、符号和指令集）都是有限的。在利用图灵机计算函数值的时候，人们假定纸带的起始位置是在写有参数编码值的最左边单元的上方。当机器头部到达函数编码值上方时，图灵机就会停止运行。但是，有时因为某些输入，图灵机不会停止运行，在这种情况下，函数就是一个偏函数（partial function）。

判断一阶逻辑的有效性需要建造一台符合如下条件的图灵机：在输入适合的一阶逻辑公式编码后，如果公式有效则输出结果为 1，反之则为 0。如果一个（非空）集合是一个完全可计算函数的值域，该集合就是一个可计算可枚举集。也就是说，输入 1, 2, 3, …就可以列举出该集合元素的图灵机是存在的。尽管哥德尔（完全性定理）指出，一阶逻辑的有效公式是可计算、可枚举的，但图灵和邱奇则证明了有效性是不可判定的。[15] 一阶逻辑的判定问题是不可解的。

图灵通过另一个不可解结果实现了这个目的。他先证实了建造通用图灵机（如果输入恰当的数据，它就可以模仿其他任何图灵机）的可能性。然后，他问可以帮助所有图灵机判定停止运行问题的图灵机是否存在。也就是说，在这台图灵机中输入对任意目标机器的描述，如果目标机器接收输入数据后停止运行，那么这台图灵机的输出结果为 1，反之则为 0。他指出，假设有一台机器可以判定停机问题，就会导致矛盾。如果这样的图灵机真的存在，就有可能建造另一台图灵机，后者停机的条件

是当且仅当前者不停机。停机问题的这种不可判定性证明了一阶逻辑问题的不可判定性。

递归函数

邱奇的可计算性理论的建立方法与图灵不同。他采用的第一种方法，即λ演算，是编程语言LISP的基础。后来，受哥德尔的影响，他和他的学生克莱尼开始采用递归函数。

原始递归函数（primitive recursive function）是通过复合函数的闭包（closure）和原始递归，由零函数、后继函数和射影函数得到的：

零函数：$f(x_1, \cdots, x_k) = 0$；
后继函数：$S(x) = x + 1$；
射影函数：$I_n^k(x_1, \cdots, x_k) = x_n$。

f与g_1，…，g_n的复合函数（加粗的x是一个向量）：

$$h(\boldsymbol{x}) = f(g_1(\boldsymbol{x}), \cdots, g_n(\boldsymbol{x}))。$$

从f和g开始的原始递归：

$$h(\boldsymbol{x}, 0) = f(\boldsymbol{x}),$$
$$h(\boldsymbol{x}, t+1) = g(t, h(\boldsymbol{x}, t), \boldsymbol{x})。$$

一般部分递归函数是由原始递归函数通过极小化算子μ的闭包得到的。极小化算子的作用是给出函数值为0的最小自变量（前提是最小自变量存在）。如果最小自变量不存在，那么该函数的变量未被定义。也就是说，

$$h(\boldsymbol{x}) = \boldsymbol{\mu} y(g(\boldsymbol{x}, y) = 0$$

是方程$g(\boldsymbol{x}, y) = 0$的最小根（前提是该方程有最小根）。如果该方程没有最小根，那么上式的变量$\boldsymbol{x}$未被定义。

图灵证明了一般部分递归函数是图灵可计算函数。如果输入某些数据后图灵机不会停止运行，那么这些函数对这些输入数据而言是未被定义的。就这样，两种截然不同的想法取得了殊途同归的效果。

编程语言再次登场

一般递归函数也可以用任何现代计算机语言来编程（不受程序大小限制）。如果编程语言只允许有界循环，它就只能计算原始递归函数。如果允许无界循环，我们就只能得到部分函数，因为程序可能不会停止运行。

对可计算性的鲁棒解释

人们发现，包括马尔可夫算法[16]、邱奇的λ演算、更富想象力的图

灵机和寄存器机、有随机存储器（RAM）的电脑等在内的其他方法，都会产生相同类型的可计算函数。因此，这是对可计算性的“正确”定义。1946 年，哥德尔写道，“……有了这个概念，我们第一次成功地为一个有趣的认识论概念赋予了一个绝对概念，也就是说，这个概念不受形式主义的影响。”[17]

图 8-2　库尔特·哥德尔

马丁-洛夫随机序列

由于邱奇-冯·米塞斯的随机序列存在缺陷，所以马丁-洛夫换了一种方法：通过剔除公平硬币抛掷模型给出的“非典型”类——概率为 0 的零类——来定义随机序列。但这种方法会立刻导致一个问题：每个独立序列的概率全部为 0。我们可以用可计算性来解决这个问题，只剔除图灵机能够识别的零集。由于图灵机的数量是可数的，因此剔除这些零集后，就会留下一组“典型”的随机序列，其概率测度值为 1。（还有人认为，这种方法也有助于避免照字面意思应用库尔诺原理可能得到的荒谬结果。）

面对越来越严格的统计测试，所有无法通过测试的序列都可被视为非随机序列。假设我们看到下面这个抛硬币结果：

010101

我们就会产生怀疑。假设这个序列进一步演变为：

0101010101010101010101010

我们的怀疑程度就会增加。抛掷质地均匀的硬币，产生这个序列的可能性比前者要小得多。（我们在本堂课开头讨论了关于随机数生成器的测试。所有实际测试同样会对这样的结果产生怀疑，它们也会询问抛硬币产生这个序列的可能性有多大，尽管方式不同。）马丁–洛夫随机序列测试是通过可计算性实施的，严格程度还在不断增强。下面，我们来看一下它的实施过程。

我们考虑以某个有限起始段为基础的，由 0 和 1 的无限序列构成的集合，这类集合被称为柱集（cylinder set）。与长度为n的起始段对应的任意集合都可以被视为抛掷质地均匀硬币的结果构成的序列，概率都是$\left(\frac{1}{2}\right)^n$。不相交柱集的可数并集的概率是这些柱集的概率之和。

马丁–洛夫使用了两次可计算性：

1. 我们聚焦于可计算可枚举序列的并集的情况。也就是说，你可以用图灵机逐一打印出这些并集的特征。我们把这些并集称为有效集。

2. 从直觉上看，可能性越小的有效集越不可能是随机序列。正面朝上和反面朝上的结果交替出现 100 次，这是非常可疑的。我们可以用这些可能性越来越小的集合构成嵌套序列，去逼近非随机集合。也就是说，我们考虑序列 U_1, …，其中 U_{n+1} 是 U_n 的子集，且 U_n 的概率不大于$\left(\frac{1}{2}\right)^n$。此外，我们要求这个序列是可计算可枚举的序列。这样一个序列就是一个马丁–洛夫测试，它可以列举越来越严格的测试。

如果某个集合属于这种序列的交集，它就是一个构造零集（constructive nullset），无法通过马丁–洛夫随机序列测试。因此，马丁–洛夫随机序列可被定义为一个能够通过所有随机测试的序列，不属于任何构造零集。[18]

为了阐明这种情况，我们可以思考一下由0和1交替出现构成的无穷序列不是随机序列的原因。下面的推理同样适用于任何可计算可枚举序列。我们考虑由该序列的前n个元素确定的柱集，这是一个特别简单的有效集。

因此，由原始序列中越来越长的起始段确定的所有柱集：

0 的所有延续（continuation），

01 的所有延续，

010 的所有延续，

0101 的所有延续，

……

构成的序列是一个马丁–洛夫测试。这些柱集的交集是一个马丁–洛夫零集，其唯一的元素就是原始序列，所以它不是随机序列。

构造零集的数量是可数的，它们的概率都是零，所以某个序列是马丁–洛夫随机序列的概率等于1。马丁–洛夫指出，每个随机序列都有一个相对频率极限，而冯·米塞斯只能分别假设他的集合具有这种属性，这扩展并统一了相对频率和概率之间的关系。

赌博系统和鞅

我们知道，冯·米塞斯认为，成功赌博系统的不可能性是随机序列的必要条件，这就是他在定义随机性时使用位置选择函数的理由。基于随机序列的子序列设置的赌局不可能是公平的，也就不可能赢钱。但让·维勒已经指出，利用位置选择函数定义随机性的做法面临着诸多限制条件。米塞斯–邱奇随机序列很容易被赌博系统利用，但这些序列并没有简单到完全依赖可计算位置选择函数的程度。

利用赌博系统来衡量序列随机性的想法，明确地体现在鞅（martingale）的概念中。假设你刚开始时拥有单位资本。你投入一定比例的资本，赌序列的第一个元素是 1 还是 0。如果你把所有赌注都押在 1 上，而且结果真的是1，你就会赢得赌局，资本增加一倍。接下来，你认真思考每次投注前获知的与序列有关的信息，然后据此，从你的所有赌资中拿出一定比例作为赌注，押在序列的下一个元素上。如果你的赌资可以无限增加，你的基于序列的赌博策略就是成功的。

我们无须明确写出整个赌博策略，因为我们可以根据在序列的各个点上拥有的赌资来描述鞅的特征。由此可见，鞅就是从起始段到非负实数的函数（CAP）。由于赔率是公平的，所以：

$$\mathrm{CAP}(s)=\frac{1}{2}[\mathrm{CAP}(s\text{之后是 }0)+\mathrm{CAP}(s\text{之后是 }1)]$$

如果CAP的极限趋于无穷，鞅就在这个序列上取得了成功。

例如，考虑下面这个投注策略：如果上一个事件为 0，就投入所有赌资押 1；如果上一个事件为 1，就投入所有赌资押 0。该投注策略的赌资函数是一个鞅。在序列为

$$010101\cdots$$

时会成功；但在序列为 00110011…时该投注策略失败，CAP(00) = 0。而

另一个鞅可在这个序列上取得成功。

可计算性的约束仍然必不可少，鞅必须是可计算可枚举的。（总的来说，鞅是实值函数，所以逼近法要求它具有可计算性。如果它是“左”可计算可枚举的，或者说，如果可以用有理值函数从下方逼近，它就是可计算可枚举的。）因此，我们可以根据赌博系统不可能性原理定义随机序列。如果某个序列让所有可计算可枚举序列都无法取得成功，那么该序列是随机的。1971 年，克劳斯 · 斯诺尔（Claus Sohnorr）[19] 证实，一个序列在这种意义上具有随机性的条件是，当且仅当它是马丁–洛夫随机序列。

柯尔莫哥洛夫复杂性

20 世纪 60 年代，柯尔莫哥洛夫从一个新的角度重新开始进行概率基础研究。[20] 由于 0、1 交替出现 1 000 次的有限序列的结构十分简单，可以通过编写简短的程序生成，因此这类序列在算法上是可压缩的。缺乏结构是定义随机性的一种方法。人们可以通过测量通过图灵机生成某个有限序列的最短程序的长度，来测量该序列的随机性。程序越短，序列的随机性就越弱。“柯尔莫哥洛夫复杂性”的概念是格雷戈里 · 蔡汀（Gregory Chaitin）于 1966 年独立提出的。[21]

但是，这种方法定义的随机程度取决于我们选择的通用图灵机（或编程语言）。不过，结果对通用图灵机的依赖程度非常有限，因为这些机器都可以通过编程相互模拟。模拟程序的长度是一个常数，生成序列的最短程序的长度必须与这个常数一致。两者之间的差异可能会在无穷处消失（一切顺利的话），但这个方法是否适用于有限序列，似乎取决于所选择的通用图灵机。

在这个方面，雷·索洛莫诺夫（Ray Solomonoff）[22]走在了柯尔莫哥洛夫和蔡汀的前面，他率先使用这种方法来处理随机性或者计算复杂性。索洛莫诺夫的灵感一部分来自哲学家鲁道夫·卡尔纳普（Rudolf Carnap）在芝加哥大学讲授的一堂归纳逻辑课。当时，索洛莫诺夫正在这所大学读本科。他认为卡尔纳普制订的方案很好，但方法出了问题，正确的做法应该是用计算复杂性来构建通用先验（universal prior）。

由于计算复杂性取决于测量选择的图灵机或编程语言，因此通用先验具有同样的特点。为了回避这个问题，一些人指出，只要有合适的代码，一台通用图灵机就可以模仿其他任何图灵机。但合适的代码可能很长，计算复杂性的差异也可能很大。不过，索洛莫诺夫认为这是一个不容忽视的问题，但也是一个毋庸置疑的事实。选择具有主观性，是我们根据一般经验做出的判断。我们选择的是一个先验，随后我们还会根据实验结果不断地更新我们的选择。

索洛莫诺夫毫不掩饰地支持主观贝叶斯方法：

> 人们通常把科学中的主观性视为洪水猛兽。他们认为“真正的科学”不应该有这样的东西，否则研究结果根本不是“科学”。伟大的统计学家费希尔就抱持这样的观点。主观性在统计学历史中占据相当大的部分，但费希尔希望将它清除出去，从而使统计学成为一门“真正的科学”。
>
> 我觉得费希尔在这个问题上犯了严重的错误……

在算法概率中，“引用”（reference，通用计算机或通用计算机语言）的选择就具有这种主观性。[23]

应用计算复杂性去解决冯·米塞斯提出的通过极限定义集合的问题，

似乎是一件很自然的事。集合就是一个起始段不可压缩的无限序列。应用计算复杂性，也就是上文中介绍的柯尔莫哥洛夫复杂性，结果却发现无限随机序列根本不存在！

图 8-3 雷·索洛莫诺夫

尽管应用柯尔莫哥洛夫复杂性定义随机无限序列的早期努力失败了，但人们发现失败的原因在于问题的表述方式不完全正确。这是因为通用图灵机的程序（输入）中既包含有待计算的序列相关信息，也包含程序长度的相关信息。对序列的算法复杂性而言，我们感兴趣的只是有待计算的序列相关信息。因此，我们只需要关注一种特殊的通用图灵机——无前缀通用图灵机。我们可以用无前缀通用图灵机测量序列K的无前缀复杂性。[24, 25]

这样一来，在无穷时就不会存在任何问题了。如果存在常数c，使无穷序列中长度为n的起始段的复杂性K全部大于或等于$n - c$，该无穷序列就具有算法随机性。因此，具有算法随机性的无穷序列是存在的。此外，斯诺尔在 1971 年还证明了这些随机序列也是马丁–洛夫随机序列。

就这样，算法随机性变成了一个强大、鲁棒的概念。正如马丁–洛夫所说，它为冯·米塞斯的集合给出了一个正确的定义。由此可见，冯·米塞斯的频率主义思想并不完全反对柯尔莫哥洛夫的测度论框架。抛掷一枚质地均匀的硬币无数次，通常会产生一个概率为 1 的集合。

随机性的变化

如果随机性取决于计算，我们就可以根据不同的计算概念来确定随机性的变化。利用装有谕示器（oracle）的图灵机，可以进一步提升该理论的抽象性。谕示器是一个黑箱，可以回答图灵机在计算过程中提出的任何特定类型的问题。我们假设有一台装有谕示器的通用图灵机可以决定任何图灵机的停机问题，这台图灵机的计算能力强于其他任何一台图灵机。当然，它不能为装有谕示器的图灵机判定停机问题，否则就会导致矛盾。

接下来，我们进一步假设存在能为这类图灵机判定停机问题的超级谕示器，从而建造出一系列计算能力更加强大的图灵机。相应地，随机序列的判定标准也会越来越严格，其中马丁–洛夫随机序列是1级随机性，与装有谕示器、可以判定停机问题的图灵机对应的是2级随机性，以此类推。$N+1$级随机序列严格包含于N级随机序列。

另一方面，对随机性测试所用的计算种类加以限制，就可以得到较弱的随机性。实现这个目的的方式有很多。斯诺尔提议用可计算测试取代可计算可枚举测试，因为前者得到的随机性比后者弱。有一种P随机理论利用的是多项式时间（polynomial time）的可计算性，这与上文讨论的理论非常相似。P级随机序列具有随机序列的许多特征。以不同的方式限制计算资源，都可以得到较弱的随机性。如果我们愿意固定使用一门用起来得心应手的编程语言，柯尔莫哥洛夫复杂性就可以为我们提供一个有限序列的有效测度。

小结

对客观随机序列概念的探索最早来自冯·米塞斯，他试图以一种客观无序的随机序列（他提出的集合概念）为基础，建立一种纯粹的概率频率论。但是，大多数人都认同，这是一个失败的基础研究项目。现代算法随机性理论并不是一个备选方案，在柯尔莫哥洛夫框架下，这套理论不断取得进展。

由于马丁–洛夫等人通过可计算性理论，发展出一个令人满意的随机序列概念，所以我们现在可以看一下，冯 · 米塞斯的研究项目还有哪些问题需要解决。回顾波莱尔的研究，我们现在可以断言伯努利的（抛硬币）实验产生冯 · 米塞斯集合的概率是 1。然后，根据菲尼蒂的研究，可交换性置信度就等于频率不确定的冯 · 米塞斯集合的置信度。

第 课

世界的本质是什么？

德谟克利特

在这里，我看到苏格拉底和柏拉图……把世界视为随机世界的德谟克利特；我看到第欧根尼（Diogenes）、阿那克萨戈拉（Anaxagoras），还有泰勒斯（Thales）、恩培多克勒（Empedocles）、赫拉克利特（Heraclitus）、芝诺（Zeno）。

——《神曲·地狱篇》第四歌，但丁（Dante）

我们这堂课要介绍的第九个伟大思想是，世界从本质上说是一个随机的世界。由于我们这个世界对创始条件的敏感依赖性和因此产生的混沌行为，这个观点甚至得到了经典物理学的认可。在量子力学建立之后，这个观点变得更加毋庸置疑。本堂课我们将介绍这些概念，并探讨如何用相同的方法来处理各种概率。

1731 年，丹尼尔·伯努利率先奠定了气体动力学理论的基础。气体是由运动的粒子组成的，容器受到的压力源于这些粒子的碰撞，气体的温度取决于粒子的动能。认为空气是由微小到无法观测的粒子组成的这个基本观点，最早可以追溯到希腊原子论者恩培多克勒和德谟克利特。卢克莱修甚至利用太阳光束中尘埃的不规则运动，来证明它们与更小的粒子会相互碰撞：

> 或许你会说有必要研究
>
> 在太阳光束中飞舞的那些尘埃，
>
> 因为这些微小物体
>
> 可以告诉我们不可见粒子是什么。
>
> 你可以看到许多飘忽不定的尘埃

在我们察觉不到的碰撞的作用下

变换方向，飘动旋转。

它们的运动肯定取决于那些粒子的运动。

——《物性论》第二卷，卢克莱修

但是，伯努利把这些绝妙的猜测变成了科学。他推导出一条完美的气体定律：在温度不变的情况下，压力与体积成反比。此外，他还预测出这条定律应用于高密度气体时会产生偏差。尽管他研究的是一个机会过程，而且他精通概率，但他的分析并未用到概率论。在理解一个复杂的确定性系统时，统计力学会引入概率，然后通过计算做出有效的预测。但是，预测是非概率性的，那么概率在中间发挥了什么作用？这是统计力学面临的基本矛盾之一。

玻尔兹曼

概率论虽然进入了路德维希·玻尔兹曼的研究范畴，但似乎有些不情不愿。玻尔兹曼通过原子论假说，对鲁道夫·克劳修斯（Rdolf Chausius）的热力学，特别是指出熵不断增加的热力学第二定律，进行了解释。他使用的装置是一个盒子，里面装有用来模拟稀薄气体的球体。球体相互之间以及球体与容器壁之间，都会不停地发生弹性碰撞。最初，人们只是考虑如何在力学基础上对第二定律进行严格论证，但1872年[1]玻尔兹曼用麦克斯韦（Maxwell）于1867年提出的分子混沌假设，证明了他的H定理。他的H函数随时间单调减小，并在气体达到麦克斯韦平衡分布之后保持不变。熵是$-kH$。玻耳兹曼的结论是：

这是第二定律的一项分析性证据……

这个断言很快就受到了两个毁灭性的挑战。第一个挑战出现在1876年[2]，是约瑟夫·洛施密特（Josef Loschmidt）在一场更复杂的争论中提出的。总的说来，洛施密特认为牛顿力学定律具有时间反演不变性，仅凭这些定律不可能证明熵必定会增加。在牛顿力学环境下，如果系统可以从t_1时刻的低熵状态演变至t_2时刻的高熵状态，逆转t_2时刻的粒子速度，就会使系统从高熵状态演变至低熵状态。

1893年，洛施密特为他的可逆性异议找到了一个"盟友"——重现性异议。1896年[3]，恩斯特·策梅洛（Ernst Zermelo）应用亨利·庞加莱早期取得的成果，[4]精确地证明了熵不可能单调增加。对于几乎所有①的初始状态，系统最终都会回到（任意接近于）初始状态。由于熵是相空间中的连续函数，因此它肯定会任意接近于它的初始值。

但在此之前，玻尔兹曼已经证明了H定理。因此，在一段时间内，这些异议有一种悖论的味道。后续分析表明，H定理具有时间不对称性的原因在于分子混沌假说具有时间不对称性。该假说假设气体分子在碰撞之前具有独立性，麦克斯韦和玻尔兹曼似乎认为这个假设没有任何问题。但是，这个假设与它的时间反演是不对等的。如果假设的独立性出现在气体分子碰撞之后，就可以证明熵是单调减少的。分子混沌假说和它的时间反演都只在气体处于平衡态时才成立。

最后，策梅洛断言，第二定律（原始版）和气体动力学理论（当时的版本）不能并存。庞加莱本就反对动力学理论，他援引策梅洛的这个观点作为论据。后来，玻尔兹曼修改了他对第二定律的理解，并在写给

① 除了一组概率为0的状态，概率是基于所有的能量相等状态的均匀测度给出的。

洛施密特和策梅洛的回信中说第二定律仅具有统计特性。

玻尔兹曼的基本观点是，很多微观状态都与同一个可观测（宏观）状态相对应。熵是根据这些可观测宏观状态产生的微观状态划分来定义的。与低熵宏观状态相比，高熵宏观状态对应的微观状态更多，因此人们认为它们的概率更大。玻尔兹曼认为，如果系统处于低熵状态，它就很有可能向高熵状态演变。他还认为低熵状态很可能源于高熵状态，因此在保留第二定律的部分特点的同时，时间对称性也得到了体现。这种新的概率观与传统的第二定律截然不同，因为后者从根本上讲不具有时间对称性。

让我们进一步思考这个问题。假设某个系统开始时处于一种低熵宏观状态，我们有什么理由认为它会向高概率的高熵状态转变呢？如果转变过程包含从所有微观状态中随机抽取一个新的微观状态，这种转变就是一个顺理成章的过程。[①]但是，转变过程不是由这种方式决定的，而是由气体分子动力学决定的。这种新的统计论证依赖的是人们对动力学本质的信任。

1911 年，保罗 · 埃伦费斯特（Paul Ehrenfest）和塔蒂亚娜 · 埃伦费斯特（Tatiana Ehrenfest）为一本数学百科全书撰写的一篇文章，在很大程度上明确了第二定律的概率观本质。[5] 保罗 · 埃伦费斯特是玻尔兹曼的学生。这篇文章原应由玻尔兹曼撰写，但他于 1906 年自杀了，这项任务就落到了埃伦费斯特夫妇身上。

在这篇现名为《力学统计方法的概念基础》（*The Conceptual Foundations of the Statistical Approach in Mechanics*）中，埃伦费斯特夫妇分析了一个简单模型，从而澄清了许多概念问题。他们假设有两只狗紧挨着站在一

---

① 严格来说，“随机”是通过等能超曲面的均匀概率实现的。

起，其中一只身上有很多跳蚤，而另一只身上没有。每只跳蚤都有一个编号，而且每次都会有一只跳蚤（随机选择）从一只狗身上跳到另一只狗的身上。很明显，如果跳蚤很多，最终两只狗身上的跳蚤数量就会趋于平衡。

我们也可以换一个比较常见的例子，想象有两个罐子，里面装有一些带编号的小球。我们每次随机选择一个小球，把它从一个罐子转移到另一个罐子中。这就是埃伦费斯特罐子模型。系统的微观状态是由哪些小球在哪个罐子中决定的，宏观状态则是由两个罐子中分别装有多少个小球决定的。转移概率已知，因此模型可以求得显式解。

通常来说，我们考虑有大量小球的情况，并把两个罐子中装有同样数量小球的状态称作平衡态，尽管这根本不是动力学意义上的平衡态。我们先从很小的数开始，考虑只有一个小球的情况，或者是只有一只跳蚤在两只狗（罗孚和奎妮）身上跳来跳去的情况。在这种情况下，我们有一个确定性过程：罗孚、奎妮、罗孚、奎妮、罗孚……然后，我们考虑有两只跳蚤的情况。如果刚开始时这两只跳蚤都在罗孚身上，那么向平衡态转移的概率是 1，而由平衡态向两只跳蚤都在罗孚身上转移的概率是 1/2。假设有 1 000 只跳蚤，而且它们的分布远未达到平衡态，比如，罗孚身上有 990 只跳蚤，而奎妮身上只有 10 只跳蚤。此时，向平衡态转移（玻尔兹曼熵增加）的概率是 99%，而远离平衡态的转移（玻尔兹曼熵变小）的概率是 1%。但是，如果系统恰好处于平衡态，就必然会发生远离平衡态的转移。坦率地说，从玻尔兹曼熵的角度看，热力学第二定律（在严格意义上）是错误的。

但是，到底是两只狗身上各有 500 只跳蚤，还是分别有 400 只和 600 只跳蚤呢，狗的主人是很难区分出来的。在狗的主人看来，如果狗–跳蚤系统远未达到平衡态，就会有向平衡态转移的趋势；反之，如果系统处于平衡态，它就会保持不变。同理，如果系统刚开始时远未达到平衡态，那么在等待足够长的时间后，系统肯定会重现初始状态。庞加莱–策梅洛重现现象在埃伦费斯特罐子模型中经常发生。但是，如果跳蚤数量巨大，并且初始状态与平衡态相去甚远，那么重现初始状态的平均时间将是一个天文数字，而且在很长一段时间内，这个过程似乎与热力学第二定律的描述是一致的。[6]

我们还可以换一种方法来看这个模型，即用主观术语来描述。假设狗的主人知道狗身上有很多跳蚤，并且知道这些转移变化，但他们不知道跳蚤最初是如何分布的。那么，他们不能只考虑某一个狗–跳蚤系统的演变情况，而是要考虑多个系统。

也许他们会认为，各种初始状态也许都是等可能性的。[7]他们知道这两条狗已经在同一间狗舍中住了一个星期。因此，考虑到跳蚤有足够的时间跳来跳去，他们很可能会认为两只狗身上的跳蚤近似于平衡态。（这是可以计算的，而且不需要花很长时间。[8]）

或者，我们假设刚开始时系统远未达到平衡态的概率很高，而且狗的主人将两只狗放在同一间狗舍中住了一天。在这种情况下，他们可能会认为，两只狗在同一间狗舍中住了一天之后，它们身上的跳蚤数量接近平衡态的概率更高。

约西亚 · 吉布斯（Josiah Gibbs）和麦克斯韦就持有这种观点。关键问题不在于单个系统的时间演化，而在于概率分布在多个系统上的时间演化。吉布斯把这些概率分布称为系综（ensemble）。我们可以想象埃伦费斯特罐子模型有多个副本，并针对这个总体计算频率。在这里，总体是我们虚构出来的，系综只是概率分布的一种具体表现。平衡态是一种稳定的概率分布。

如果用这种方式看待事物，我们就可以说我们正在趋近平衡态，而且在达到平衡态后会保持这种状态。为了对比这两个观点，我们继续分析两只跳蚤的情况。此时，一共有三种状态：一是两只跳蚤都在罗孚身上，二是两只跳蚤都在奎妮身上，三是罗孚和奎妮身上各有一只跳蚤。该过程是一个有唯一极限分布的马尔可夫链，而且无论初始分布是什么，系统最终都会达到该极限分布。在这种情况下，两只跳蚤都在罗孚身上的概率为 1/4，都在奎妮身上的概率为 1/4，在罗孚和奎妮身上各有一只的概率为 1/2。一旦达到这种平衡态，就再也不会改变了。如果我们从系综的角度考虑，就会发现这是显而易见的。假设有 4 个副本：在一个副本中，两只跳蚤都在罗孚身上；在另一个副本中，两只跳蚤都在奎妮身上；在其余两个拷贝中，两只狗身上各有一只跳蚤。此时，罗孚身上有两只跳蚤的副本就会向两只狗身上各有一只跳蚤的副本转变，奎妮身上有两只跳蚤的副本同样如此。至于两只狗身上各有一只跳蚤的两个副本，其中一个会朝着罗孚身上有两只跳蚤的副本转变，另一个则会朝着奎妮身上有两只跳蚤的副本转变。因此，当概率分布达到平衡态时，就会保持不变，尽管各个系统都会有所波动。

当然，随着跳蚤数量增加，这两种观点之间的巨大反差将会逐渐减小。假设一共有 1 000 只跳蚤，根据吉布斯的观点，达到平衡态后，每条狗身上的跳蚤都接近半数。一旦达到平衡态，系综就不会改变了。根据玻尔兹曼的描述，在大多数时间里，系统都在朝着两只狗身上各有半数跳蚤这个状态逼近，但系统始终处于波动状态。如果等待的时间足够长，系统肯定会呈现出所有跳蚤都在某一只狗身上的状态。这两种观点都是正确的，只不过着眼点不同。

现在，一切都搞清楚了。那么，气体与埃伦费斯特罐子模型到底有什么相似之处呢？

概率、频率和遍历性

这里讨论的概率到底是什么？它从何而来？玻尔兹曼（总的说来）是一个频率主义者。状态的概率是长期频率极限。玻尔兹曼认为，由于微观动态瞬息万变，因此可观测状态可能等同于长期频率。不过，通过分析微观动态来确定某个初始条件的长期频率，或者一组初始条件的长期频率平均值，是一项不可能的任务。但玻尔兹曼认为，长期的时间平均值可能等同于相空间平均值，而且后者很容易计算。事实上，他常运用这两个概念来解释概率，就好像它们可以互换一样。

在证明这一假设时，他认为从每个初始条件开始的动态变化，都会随着系统的演化经过相空间中的每个点。[9]这就是玻尔兹曼的遍历性假设。在后来的出版物中，玻尔兹曼承认遍历性假说严格说来是错误的。他知道可以找到反例，比如在两个平行的容器壁间来回反弹的粒子，但他认为这些情况发生的可能性不大，因此并不重要。也就是说，他抱持的其实是所谓的“准遍历性假设”，即大多数或几乎所有的初始条件，都具有这种必需的特性。不过，玻尔兹曼无法证明这个假设适用于他的气体模型。此外，对于从遍历性假设推导得出某类H定理的过程，他也没有找到证据支持。埃伦费斯特夫妇证明，波尔兹曼设想的统计学版本的第二定律，可以规避洛施密特、庞加莱和策梅洛等人提出的异议，但它仍然缺乏数学基础。

冯·诺依曼和伯克霍夫的遍历性研究

利用遍历性的概念把时间平均值和相空间平均值等同起来，这个观点是由约翰·冯·诺依曼和乔治·伯克霍夫于1930年前后提出的。适合这项研究的数学环境是伴有动态变化的概率空间，它是由柯尔莫哥洛夫创建的。对于离散时间，动态变化可被视为一种空间转换，即在概率空间中从可测集向可测集的转换。[10]

如果转换过程中概率保持不变，即对于每一个可测集 S，均有 $p(S)=PT^{-1}(S)$，那么该测度关于该动态具有不变性。如果某个可测集映射至自身，测度值为 0 的集合除外，那么该可测集具有不变性。[11] 如果只有测度值为 1 或 0 的集合是不变集，那么该不变性测度具有遍历性。反之，如果测度值是既定的，那么该动态系统本身关于该测度具有遍历性。

伯克霍夫证实，如果一个动态系统是遍历性的，那么，除了一组概率为 0 的点之外，概率空间上可测函数的平均值等于时间平均值的极限：

$$\int fdp = \lim_{n\to\infty} \frac{1}{n}\left\{ f(T(x)) + \cdots + f(T_n(x)) \right\}。$$

对于玻尔兹曼的气体模型，均匀测度[12]关于动态变化是不变的。[13] 这给我们提出了以下两个问题：第一，系统是否具有遍历性？第二，遍历性可以解释第二定律吗？

即使到目前为止，第一个问题仍然没有解决。1963 年，雅科夫 · 西奈（Yakov Sinai）[14] 宣布有证据证明玻尔兹曼的 n 个硬球模型具有遍历性，但在 1987 年，这项声明被撤销。[15] 人们可以证明三个硬球模型，还取得了部分成果。玻尔兹曼的模型很可能具有遍历性，但到本书写作之时，相关证明工作还没有完成。

假设我们可以证明遍历性，但仅凭遍历性能否为热力学现象提供合理的解释呢？时间平均值和相空间平均值的等同关系对我们有多大帮助呢？下面，我们来看两个著名的遍历性系统。

系统 1：只有两种状态，分别是 H 和 T。可测集包含两种状态的单位集、全集和零集，概率测度赋予各种可测集的概率都是 1/2。动态变化必然会将 H 映射到 T，将 T 映射到 H：

$$HTHTHTHTHTHTHT\cdots$$

该测度具有不变性。只有全集和零集是不变集，因此这个系统具有遍历性。如果我们只能观测到相对频率极限，那么在我们看来这个系统会像抛硬币一样忘记它的初始状态。但事实上，我们能观测到更多内容，由此可见该系统根本不会忘记它的初始状态，是完全可预测的。

系统 2：状态空间为半开区间 [0, 1)，可测集是波莱尔集，概率是均匀概率（勒贝格测度）。动态变化以 1 为模，将 x 映射到 $x + \pi$（图 9–1）。

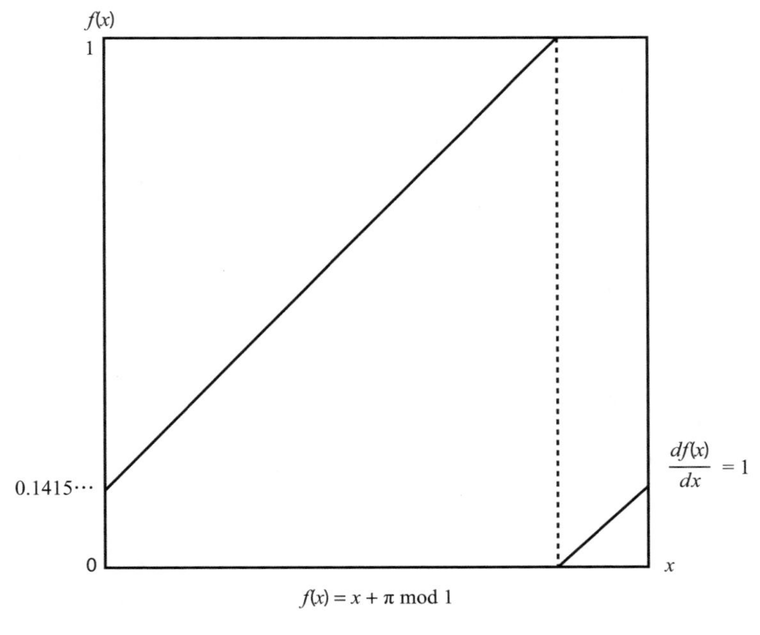

图 9–1　圆的无理旋转

该动态变化是圆的无理旋转，属于平移转换，所以测度不变。只有零集和全集是不变集。

庞加莱

在前面的例子中，遍历性似乎是一个相当弱的要求。加强遍历性的观点来自庞加莱，他在《科学与方法》（*Science and Method*）这部备受赞誉的著作中写道：

> 如果我们精确地掌握了自然律和宇宙的初始状态，就可以精确地预测宇宙的后续状态。不过，即使自然律对我们已经没有任何秘密可言，我们对宇宙初始状态的了解也只能达到近似的程度。如果能以同样的近似度预测宇宙的后续状态，我们就可以心满意足地说这个现象已被预见到了，它受自然律的支配。但是，实际情况并不总是这样。初始条件的微小差别有可能使最终现象产生极大的差别，这是因为前者的微小误差会造成后者的巨大误差。于是，预测变为不可能，我们面对的也都是偶发现象。

庞加莱描述的是三体问题的混沌动力学，他发现这个问题对初始条件有着敏感的依赖性。单从他的描述我们就可以清楚地看出，圆的无理旋转案例并没有表现出这种敏感的依赖性。开始时彼此接近的点最后仍很接近。

1892 年，亚历山大·李亚普诺夫（Aleksandr Lyapunov）在他的博士论文《关于运动稳定性的一般问题》（*The General Problem of the Stability of Motion*）中，介绍了对初始条件的敏感依赖性进行量化处理的方法。[16] 李亚普诺夫指数可用于测量近点的平均指数散度。

我们前面讨论过单位区间映射至自身的简单案例$x_{n+1}=f(x_n)$，其一次迭代的近点分离率是导数$f'(x)$的对数。计算迭代平均值，我们就可以得到轨道的李亚普诺夫指数：

$$\lim_{N\to\infty}\frac{1}{N}\sum_{n=1\sim n=N}\log\left|f'(x_n)\right|。$$

有了期望值，就可以求出整个系统的李亚普诺夫指数。

对上文中的系统2来说，圆的无理旋转$f'(x)$处处相同，都等于1，其李亚普诺夫指数为$\log(1) = 0$。这表明没有指数散度，所以系统2的遍历性对初始条件不存在敏感依赖性。

下面，我们举一个存在敏感依赖性的有趣例子。如图9–2所示，考虑伯努利推移（Bernoullishift）：

$$f(x) = 2x \bmod 1$$

也就是说，对于$[0, 1)$中的x，如果$x < 1/2$，则$f(x) = 2x$，否则$f(x) = 2x - 1$。以概率测度作为$[0, 1]$上的均匀测度，如图9–3所示，就可以看出区间的测度等于其逆像的测度。对伯努利推移而言，测度保持不变。

我们在第5堂课上说过，由硬币的正面朝上和反面朝上构成的无穷序列可被当作单位区间[0,1)中实数的二进制表达。从这个角度看，$f(x)$就是将x的二进制表达去掉第一个数字后得到的点，伯努利推移由此得名。这种表示方法告诉我们，唯一固定的点（二进制）就是0.00000000000000⋯，周期则对应其他有理数。不变集有很多，例如

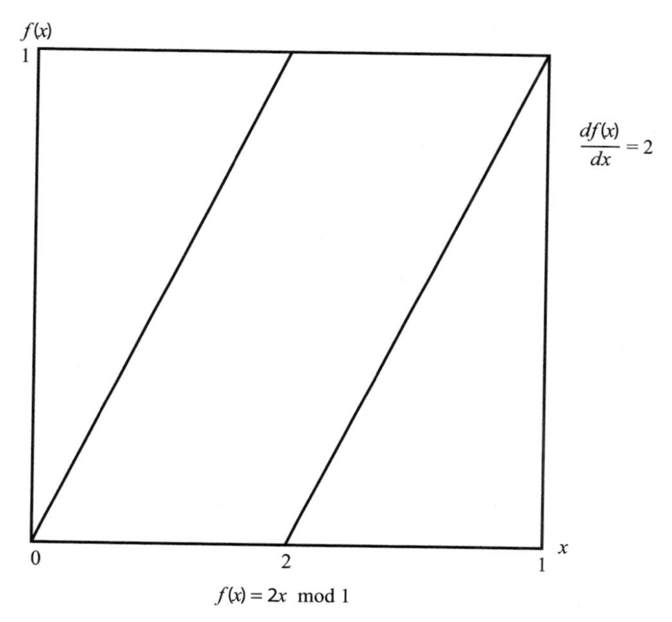

图 9-2 区间 [0, 1) 上的伯努利推移的映射

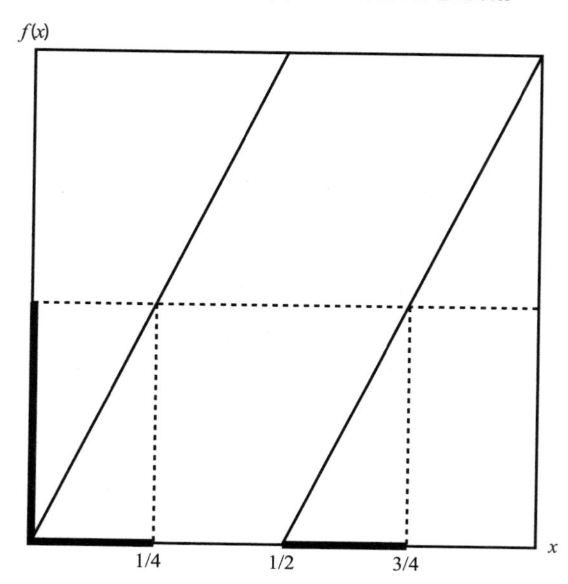

图 9-3 伯努利推移，测度为 $\frac{1}{2}$ 时 $[0, \frac{1}{2})$ 的逆像

{ 1/3, 2/3}，但它们的测度要么是 0，要么是 1。由此可见，这是一个遍历性系统。

对几乎所有的x来说，$f'(x)$都存在，都等于 2。随着映射迭代，两个点的初始分离度会从ε变成 $2\varepsilon, 4\varepsilon, 8\varepsilon,\cdots$。李亚普诺夫指数是log(2)，这显然是对初始条件有敏感依赖性的一个例子。在某种意义上，该系统对初始状态的遗忘程度显然远胜于仅凭遍历性可以保证的程度。系统位于[0, 0.5) 中（即第一次抛掷得到正面朝上的结果）的概率是 1/2。假设系统开始时位于[0, 0.5) 中，在一次映射迭代之后，系统位于[0, 0.5) 中（即第二次抛掷得到正面朝上的结果）的概率仍是 1/2。如果我们只能从伯努利推移中看出系统位于单位区间的左半边或右半边，那么这个动态变化看上去好像在抛掷一枚质地均匀的硬币。因此，伯努利推移可以用作伯努利实验的模型。

如果一个动态系统对初始条件有敏感依赖性，那么在温和的条件下，初始条件的先验概率会逐步减小，从而产生玻尔兹曼–刘维尔①均匀分布。[17]

遍历性的层次结构

除了伯努利推移的即时遗忘和单纯遍历性系统的完全不遗忘之外，还有一些介于两者之间的情况，它们在遍历性层次结构中按顺序排列。在这里，我们介绍一下混合动态系统的概念。考虑两个可测集A和B。一开始，它们可能不是相互独立的（两者交集的测度可能与它们的测度乘积不相等）。那么，从一个点属于A这个命题就可以得到该点是否属于B

① 约瑟夫 · 刘维尔（Joseph Liouville），法国数学家。

的有关信息。现在，让A和B交集中的点根据动态完成n步演变。这样一来，我们就会得到一个具有新测度的新点集。如果该测度只是A和B的初始测度的乘积，就说明该系统遗忘了其初始相关性。混合动态系统的定义是，系统在极限条件下遗忘了相关性。[18]

混合系统虽然会遗忘相关性，但这可能要花很长时间。在遍历性层次结构中还有一层，即K系统（或柯尔莫哥洛夫系统）。K系统位于伯努利系统和混合系统之间。因此，遍历性的主要层次包括：

伯努利系统

K系统

混合系统

遍历性系统

高层次系统必然具有低层次系统的特性。庞加莱的初始条件敏感依赖性可以告诉我们系统遗忘过去的速度。在混沌动态系统（李亚普诺夫指数为正值）中，近点的分离速度非常快。这些混沌系统的柯尔莫哥洛夫–西奈熵为正值，在遍历性层次结构中至少处于K系统层次。[19]

玻尔兹曼归来

很明显，玻尔兹曼的研究项目对玻尔兹曼气体并不只有遍历性这一项要求。事实上，根据西奈在 1970 年完成的证明，对环面上的两个球面（二维结构，例如，两个圆盘）来说，其对应的模型不仅具有遍历性，而且是K系统。之后的研究旨在证明玻尔兹曼模型气体也是K系统。这个目标一旦实现，就可以为玻尔兹曼的研究项目奠定数学基础。一位杰出的研究人员在玻尔兹曼诞辰150周年（1994年）纪念大会上指出："100多年过去了，我们还没有建立起具有遍历性的简单力学模型——弹性硬球系统……"[20] 直至本书写作期间，这个问题仍未解决。

这个问题虽然是一个数学问题，但它已经从统计力学的中心位置上退出去了。模拟结果表明，玻尔兹曼气体具有遍历性，混合速度很快，尽管我们无法证明。我们可以假设玻尔兹曼试图证明的微正则分布（microcanonical distribution）真的存在，然后加以利用，从而得出与某些经验现象相匹配的结果。毕竟，真实存在的气体并不是玻尔兹曼气体。]

量子力学

即使对最精通的专业人士来说，量子力学也非常神秘。思考一个最简单的问题：在一维直线上演化的量子粒子。粒子在t时刻的位置可以用波函数$\Psi(x, t)$来描述。根据马克斯·玻恩（Max Born）对波函数的统计描述，该粒子在t时刻位于x的概率是$|\Psi(x, t)|^2$。（更准确地说，这是t时刻该粒子在x这个位置上的概率密度）。

这种概率是什么呢？教科书喜欢用频率来解释它：如果在相同的条件下重复进行无穷多次实验，$|\Psi(x, t)|^2$在a和b之间的积分就是实际观察值位于a和b之间的次数之比的极限。量子环境下的情况比经典环境更难以理解。无穷多次实验之间有什么联系？（它们的粒子会相互作用吗？）此时，经典频率主义的所有缺点都暴露出来了。

明确地说，我们对量子力学的标准理论没有任何不满意。它以惊人的准确性解释了现实世界中令人眼花缭乱的一系列可观测特征，它还解释了许多反直觉现象，比如海森堡（Werner Heisenberg）的不确定性原理（你不可能同时知道一个粒子的位置和速度）。

量子力学需要不一样的概率概念吗？我们认为不需要。只要我们的实验及其结果保持在一定水平，不在形而上学的道路上越走越远，我们面对的就是与经典环境中差不多的问题。理解长期相对频率需要做出有些牵强的反事实假设，这导致它们与真实的频率根本不是一回事。我们假定可以算出量子态的客观概率，它们是贝叶斯定理的本原（primitive）。我们可以基于所有证据，考虑置信度是否具有鲁棒性。我们发现最终的观点既适用于经典环境，又适用于量子环境。与经典概率游戏不同的是，我们可以通过量子物理学了解系统的微规范是如何产生确定性结果的。在量子理论方面，物理学家受到诸多限制，就像一个幼稚的前牛顿时代的骰子玩家。[21–23]

量子力学的形式主义为物理学披上了新的神秘面纱。

非定域性

根据正统观点，量子力学从根本上说是概率论，即认为我们所处的是一个“机会使然的世界”。但是，量子概率有其神秘的一面。从表面上看，它们表现的似乎是一种奇异的（爱因斯坦的原话是“鬼魅般的”）超距作用。而且，这种明显的作用甚至可能是确定性的。

1935 年，爱因斯坦、波多尔斯基（Boris Podolsky）和罗森（Nathan Rosen）通过一个思想实验提出了这个基本问题。[24] 我们可以让两个粒子处于一种量子态（纠缠态），然后在空间中将它们分开。如果对一个粒子进行测量，就会对远处的另一个粒子的测量结果的概率产生影响。这就是被爱因斯坦视为鬼魅的非定域性（nonlocality）。而爱因斯坦、波多尔斯基和罗森更倾向于另一种观点，即存在一种更深层的、隐藏的、只在局部发生作用的现实，并认为这种观点可以解释量子现象。

图9-4　约翰·斯图尔特·贝尔（John Stewart Bell）

1964年，约翰·贝尔对EPR悖论①做出了重大贡献。[25]我们可以创造出两个处于纠缠态[26]的电子，然后将它们远远地分开。根据量子理论，如果沿着同一条轴测量这两个电子的量子自旋（让它们通过一个恰当的磁场），就会得到反相关的测量结果。也就是说，如果左边电子的测量结果为自旋向上，右边电子的测量结果就是自旋向下；如果左边电子为自旋向下，右边电子就是自旋向上。而且，得到这两种可能结果的概率都是1/2。那么，右边电子是如何“知道”左边电子的测量结果的呢？

如果每个电子在被创造之时就携带着有关自旋向上或自旋向下的隐藏信息，那么它们可以在被分开后重建定域性。电子可以被创造为两种配对类型，且概率相等。一种配对类型携带的信息让左边电子自旋向上，同时让右边电子自旋向下；另一种配对类型携带的信息正好相反。这样

① EPR是爱因斯坦、波多尔斯基和罗森这三位物理学家姓氏的英文首字母缩写。——译者注

一来，鬼魅般的非定域性就不存在了。但应注意的是，要实现这个目的，隐藏属性必须对测量结果产生确定性影响。

由于自旋的测量可能沿着任何一条轴进行，例如，12 点–6 点方向、9 点–3 点方向等。因此，每个电子都必须携带可以告诉它们在接受任意方向的测量时，应如何做出反应的确定性信息，而且创造源在创造电子时必须赋予电子不同的属性，使任意轴上的电子都保持反相关系，以及自旋向上和自旋向下的概率相等。从数学上看，这是有可能的。

但量子理论也规定了沿不同的轴测量电子自旋的结果概率。创造源在创造电子对时，必须保证频率与量子力学对所有测量结果的预测相匹配，才能使我们的局部隐藏信息模型与量子理论保持一致。正如贝尔所说，这在数学上是不可能的。

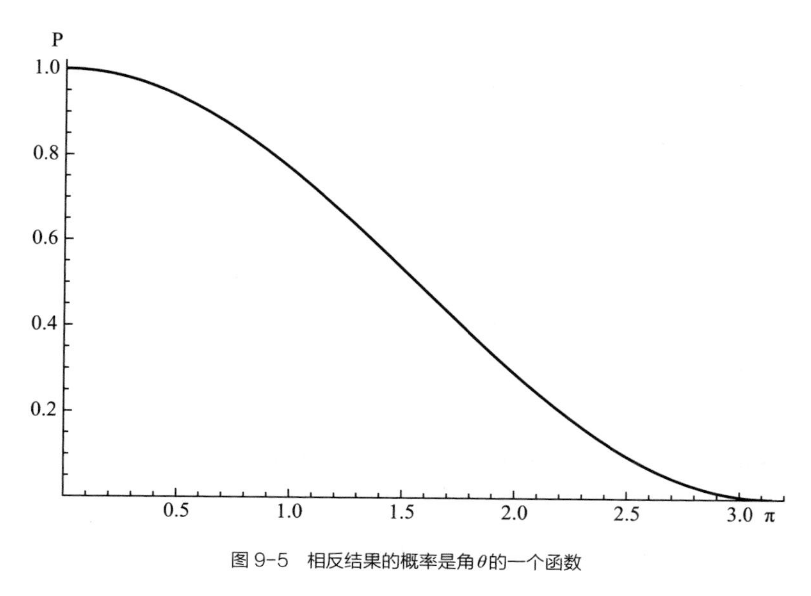

图 9–5 相反结果的概率是角 θ 的一个函数

假设右侧探测器的定向轴与左侧探测器的定向轴成夹角 θ。如图 9–5 所示，根据量子力学，得到相反测量结果（自旋向上和自旋向下或者自

旋向下和自旋向上）的概率为

$$(1 + \cos \theta)/2。$$

如果θ是零，则概率等于 1，这就是上文讨论过的确定性情况。如果θ是 $\pi/2$，即两条轴成直角，则概率为 1/2，左、右两个电子不相关。如果θ是π，则概率为 0。我们虽然也能得到完美的相关性，但是轴的方向改变了，某一边的“自旋向上”现在被统计为“自旋向下”。如果定向轴的夹角是 $2\pi/3$，即圆周长的 1/3，则反相关的概率是 1/4。通过这种方法，我们可以找出隐藏原因假设和量子理论之间的最大分歧。

假设三条轴A、B、C等距排列，任意两条轴的夹角都是 $2\pi/3$。任意组合左、右轴，并在左、右两边的遥远位置上进行测量。测量的结果要么是自旋向上，要么是自旋向下。记住，我们的定域性假设要求创造源发射的电子携带着局部信息，在所有测量环境中，这些信息都会告诉电子应该自旋向上还是自旋向下。而且，发射电子的数量比遵从量子力学统计规律。

以A、B、C三条轴的左边测量值为例。测量值只能两种可能，所以测量结果至少有两种匹配情况。根据逻辑推理，有

$$P(M_A = M_B) + P(M_B = M_C) + P(M_C = M_A) \geqslant 1。$$

现在假设同一条轴左、右两边的测量结果之间存在确定性关系。如果左边的M_B是自旋向上，右边的M_B就是自旋向下，反之亦然。所以，$M_{A左} = M_{B左}$与$M_{A左} \neq M_{B右}$等价。对〈B, C〉和〈C, A〉这两组轴来说，情况同样如此。但量子理论告诉我们

$$P(M_{A左} \neq M_{B右}) = \frac{1}{4}。$$

同理，

$$P(M_{B左} \neq M_{C右}) = \frac{1}{4},$$

$$P(M_{C左} \neq M_{A右}) = \frac{1}{4}。$$

因此，隐藏信息理论只在

$$\frac{1}{4} + \frac{1}{4} + \frac{1}{4} \geqslant 1$$

时才可以保持定域性。但这个条件显然是无法满足的。

这是一个纯粹的思想实验，那么真正的实验会怎么样？最精密的实验采用的是光子，而不是电子。[27] 有些实验测量的是相距 10 千米以上的光子，[28] 有些实验可以在光子运动的过程中选择探测器的方向。[29] 实验的严格程度还在不断提高。这些实验取得的所有结果都有利于量子理论。[30] 除量子概率以外，其他的假设都被排除了。[31]

量子概率归来

完美解决 EPR 实验的问题之后，我们可以重申之前的观点了。在处理 EPR 悖论的过程中，我们始终没有超出经典概率论的范围。通过实施物理测量，我们了解到，一个特定的测量结果源自一个特定的测量程序。

这条信息同其他任何新信息一样，也会通过贝叶斯条件作用纳入我们的置信度。

假设测量轴 A、B、C 是某个局部量子随机数生成器独立选择的等概率结果，贝尔在一个严格的实验检验中就采用了这个方法。这样一来，我们就会得到一个完美的经典概率空间，其中各点的格式为：

〈左边的测量方向，右边的测量方向，
左边的测量结果，右边的测量结果〉。

量子理论给出了基于测量环境的测量结果组合。9 种可能的测量环境是等可能性的，点的概率由全概率定理给出。导致麻烦的不是经典概率，而是定域性假设。我们需要注意的第二个问题是，已被证明的量子非定域性不允许相距遥远的实验人员相互传递有关概率的信号。左边的实验人员可以选择测量设备的方向，但不能选择测量结果。无论他选择什么方向，右边的实验人员检测到自旋向上的概率等于自旋向下的概率。

量子混沌

混沌证明在经典环境中应用概率是合理的。特别是，人们假设玻尔兹曼气体是混沌动力系统（但它尚未得到证实）。据推测，真实的气体符合量子力学的描述。我们应该从量子力学的角度重新思考经典力学。于是，我们有些不安地发现，在量子力学中，混沌动力学根本不可能存在！[①]但

① 因为这些动力学都是线性的。

是，量子力学应该表现得像宏观领域的牛顿力学那样。而且，经典的牛顿动力学允许混沌，并在很多情况下预测了混沌的存在。那么，我们如何解决这些显而易见的矛盾呢？[32]

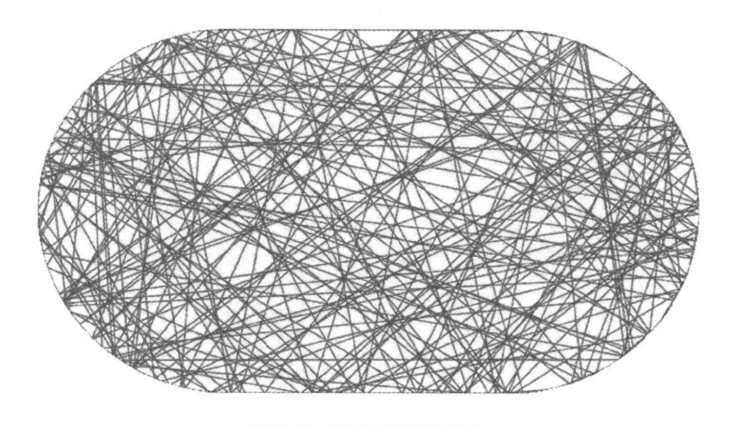

图 9-6 体育场展现了混沌

考虑只有一个分子的玻尔兹曼气体，即经典的台球。台球从球桌内沿反弹时，入射角等于反射角。这个动态系统具有遍历性吗？如果是，它在遍历性层次结构的什么位置上呢？这取决于球桌内沿的形状。如果球桌内沿是圆形的，系统就不具有遍历性。有人证明，如果球桌内沿与运动场的形状相同，即由两条平行线连接的两个半圆（图 9–6），那么系统具有遍历性。[33] 几乎每条轨道都能填满整个空间。（但"反弹球"的轨道例外。在这种情况下，台球一直在球桌的两条平行内沿之间来回反弹，其轨道与这两条内沿成直角，但这些轨道的测度都是零。）如果球桌内沿是心形的（图 9–7），系统的混沌程度就会非常高，任意两条邻近轨道的分离速度也非常快。每条轨道都可以填满整个空间。现在，假设我们的台球是一个电子，它被巧妙地限制在一个空洞之中，与外界隔绝，并与上文描述的情况非常相似。我们不会看到这样的画面，当然，我们也无法观察台球在物理空间中的运动轨道，因为这些轨道并不存在。

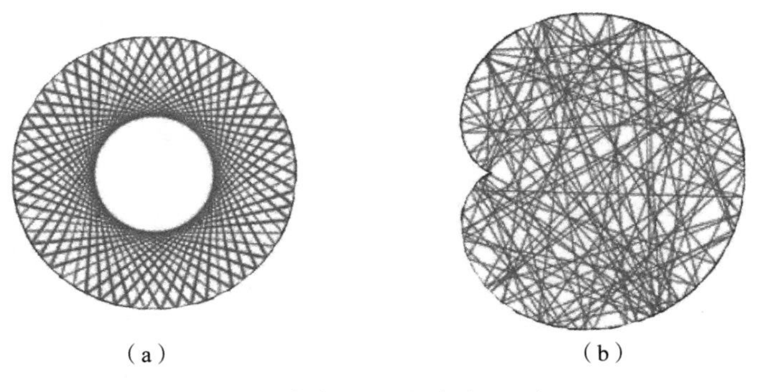

图 9-7 （a）不是混沌，（b）是混沌

我们可以（通过计算）看系统在不同能量水平上可能呈现出的稳定状态。对于一个经典的混沌系统，我们可能希望看到电子位于某个真实点的概率呈均匀分布（动量同样如此）。在低能量水平上，我们根本不会看到这个现象。但在极限情况下，当能量水平接近无穷时，系统就会呈现出这种状态。相关定理如下：

> 经典遍历性包含量子遍历性。[34–35]

可以肯定的是，即使在宏观尺度上，我们也没有真的达到这个（半经典）极限。据观测，混沌动力学似乎常和大质量的物体有关。那么，从理论上讲，量子周期性难道不应该彰显自己的威力吗？的确如此，如果系统在很长时间里始终保持孤立。但是，从宏观角度看，长时间保持孤立并不是一件易事。与周围环境的相互作用会破坏周期性所需的量子子系统的相干性。这就是所谓的“退相干”（decoherence）。[36]

量子力学并没有否定经典的混沌动力学在推理客观概率方面的重要性。随着研究不断深入，情况变得越来越微妙，这套理论越来越复杂，用概率思维去思考物理世界的理由也在成倍增加。

小　结

随着人们应用统计力学去解释热力学现象，概率在物理学中占据了新的重要地位。为了解决这个变化带来的困难、疑惑和悖论，人们花费了许多时间，不过，该理论的相关概念最终得到了澄清。一路上，我们发展了遍历理论、庞加莱的初始条件敏感依赖性理论和混沌理论，并将它们整合到遍历性层次结构中。物理学被置于确定性的背景之下，但初始条件的微小不确定性仍会导致预测结果具有非常大的不确定性。

在量子理论看来，基础物理学是不确定的，预测在深层次上似乎也是不确定的。远距离测量结果呈现出新的反直觉相关性。为了重建某些直觉，人们提出了确定性隐藏变量理论，但这些理论没有给出新预测，而且保留了非定域性的反直觉特征。从严格意义上说，量子混沌是不可能的，但只要不是完全孤立的，量子系统就可以表现出类似于经典混沌的特点。

物理学提出的许多数学问题仍有待解决，包括量子混沌和玻尔兹曼气体的简单玩具模型。但是，从经典物理学到量子物理学的演变，把我们带入了一个随机的世界。我们相信，无论是经典物理学还是量子物理学，都要面对并思考世界的本质这个哲学问题。

附录　量子形而上学：窥视潘多拉的盒子

在讨论EPR悖论和贝尔定理时，我们停留在一个十分安全的操作层面上。许多人对这个操作层面并不满意，他们试图建立一种更令人满意的形而上学理论，但它与量子力学在这个操作层面上给出的结果没有任何不同。这方面的文献资料多且复杂，我们无意在此对其进行充分的讨论，而只会指出一些问题。我们称它为形而上学，并无嘲讽之意，而是因为它不会，也不打算推动物理学取得任何新进展。

在这个操作层面上，我们取得了实验结果和测量结果。量子力学的形式主义给出了测量结果的概率。我们进行测量，观察结果，并用贝叶斯提出的推理方法对量子力学概率进行验证。除了得到测量结果之外，测量还会得到其他一些物理结果。形式主义用波包坍缩来解释这些结果。从爱因斯坦时代到现在，有一个问题一直困扰着我们，即似乎没有令人满意的测量过程。波包坍缩是一个奇怪的物理过程，它会根据薛定谔方程间歇性地打断波函数的平滑演化。测量需要具备哪些条件？其背后到底有什么秘密？[37]

在这里我们讨论两种主要方法。（还有很多其他方法。）第一种方法是德布罗意–玻姆（de Broglie-Bohm）[38]导航波理论。所有的测量都是位置测量。（大家可以想象一下其他测量的指针读数。）所有事物都处在某个位置上，没被测量时亦如此。在你未进行观察的时候，位置信息可以给出量子力学概率。这是波发挥作用的结果，波的演化遵从薛定谔方程。在波的引导下，粒子给出预期的结果。这个理论的两个组成部分——量子波和确定性粒子——必须彼此合作，才能重现量子力学的预测结果。由此可见，量子力学概率的特征与玩家掷骰子的结果概率的特征没有多大区别。

在测量过程中，导波会发生什么变化？关于相消干涉，我们必须给出某种解释。从本质上讲，原因在于波函数不会坍缩，尽管它看似会坍缩。[39]

第二种方法源于埃弗雷特三世（Hugh Everett Ⅲ）[40]，它与第一种方法明显不同，是一种形而上学的理论。这个方法只有波函数，而没有玻姆描述的波粒二象性。波函数被用于描述整个宇宙，它的演化遵从普通动力学。而且，它永远都不会坍缩。

这些描述对测量有什么帮助？[41] 我们测量的到底是什么？波函数坍缩的物理效应又是什么？埃弗雷特的答案应该会让我们产生一种熟悉感。波函数不会坍缩，它只是看似会坍缩。与玻姆测量一样，可以解释这个问题的一个关键因素是退相干，因为系统不会一直孤立于周围环境。

由观察者和观察对象组成的系统呈现出纠缠态，因为相较观察者的状态，观察对象的状态是确定的，例如，呈现出一种完美的自旋态。测量之后，观察者–观察对象系统处于“自旋向上，观察者记录自旋向上”和“自旋向下，观察者记录自旋向下”的叠加态。两个平行的世界的隐喻，以及量子力学的“多世界诠释”的名称由来，都由此得到了解释。

玻恩定则给出的概率到底是什么概率呢？埃弗雷特对测量结果的描述可以解释波函数坍缩的表象，因此，玻恩定则给出的概率就是波函数以这种或那种方式坍缩的表象的概率。如何证明有关玻恩定则的这种解释，是一个有争议性的问题。[42] 有的读者也许想要探究这些问题吧。在本堂课上，我们的讨论始终没有超出量子力学核心操作层面的概率范畴，这恰恰是各种方法试图重新实现的目标。

第  课

如何用概率论解答休谟问题？

大卫·休谟

未来会与过去一样吗？不一定。“每天给鸡喂食的那个人最后却拧断了它的脖子……”这对鸡来说真是太不幸了，但伯特兰·罗素希望它可以促使有如此想法的人进行哲学思考。

> 某件事发生一定的次数之后，动物和人类都会预期它将再次发生。因此，我们的本能让我们相信明天太阳还会升起，但我们的处境并不优于那只脖子被拧断的鸡。一致性是我们对未来的预期，这是一个事实，但它与预期的有效性问题被提出后，我们是否有正当的理由去重视这些预期是不同的，因此我们必须对两者区别对待。[1]

这个问题看似容易回答，但事实并非如此。即便你已经有了答案，我们也恳请你坚持读下去。

第一个充分论述归纳问题的人是哲学家大卫·休谟。休谟认为，我们面临着如何理解和验证归纳推理的问题。这是一个伟大的思想，我们必须认真对待，为什么呢？

1967 年，《统计学基础》的作者、贝叶斯学派的萨维奇指出：

一些最不值得信赖的哲学论证却被证明是最有价值的。武士可以赶超乌龟，但芝诺让我们相信，运动的表象之下另有玄机。休谟反对归纳法（本次研讨会的主题）的理由毋庸置疑有其重要意义，但或许大多数哲学家都认为它与芝诺悖论一样，是一个寻找明显谬误的挑战。然而，我们中的一些人发现，休谟的结论并非自相矛盾，而是接近事实。[2]

菲尼蒂受到休谟的启发，并认为休谟的观点基本上是正确的。不仅如此，他还解决了休谟问题："我解决归纳推理问题的方法非常简单，只是把休谟的观点转换成逻辑数学术语……"[3] 前文中讲过，贝叶斯和普莱斯想要回答休谟问题。卡尔·波普尔（Karl Popper）是 20 世纪著名的哲学家，他认为休谟问题是无法回答的，因此，归纳推理也是不可能的。本堂课之前的大部分内容都可以看作人们为了正视休谟提出的归纳问题而做出的种种努力。

让我们以一种开放的思维，看看概率论是如何回应归纳怀疑论（inductive skepticism）的。

休　谟

归纳怀疑论的经典陈述来自大卫·休谟，尽管他会让我们想起它的古老渊源。休谟问道，我们如何验证归纳推理的合理性呢？它不能通过意识关系——数学演绎——来证明：

"太阳明天不会升起"的命题和"太阳明天会升起"的命题，

都是可以理解的。因此，如果我们试图证明它是错误的，必将徒劳无功。[4]

假设我们的世界是一部电影。你可以剪辑它，使它成为一部完全不同的影片。如果你身处拼接的位置，就会发现电影镜头前后不连贯。纯粹数学不能证明归纳法是正确的。但是，试图用归纳推理来证明归纳推理的合理性，就会犯“乞题”（beg the question）谬误：

因此，任何经验论据都不可能证明过去与未来的相似性，因为所有这些论据都建立在这种相似性的假设基础之上。[5]

那么，根据休谟的观点，这个问题是无解的。从休谟时代开始，这个非常简单的证明问题就一直困扰着哲学家。

康　德

伊曼努尔·康德（Immanuel Kant）认真地研究了休谟的观点，并着手解决休谟问题。一些哲学家认为他成功了,康德也认为自己成功了。但是，即使对专门研究康德思想的专家来说，也很难解释他到底是怎么解决这个问题的。如果你阅读休谟的作品，很容易看懂他在说什么。而阅读康德的作品，则不太容易理解。[6]很多人一辈子都在试图弄清楚康德的观点到底是什么。

休谟强调，我们的先天心理促使我们通过因果关系和归纳推理形成各种预期（就像罗素的鸡一样）。康德认为，休谟所说的这种心理首先通过先验规则外显化，然后以某种方式转化为一种新知识——先天综合判断。很抱歉，我们真的没看懂。怀着对康德学派的歉意，我们更加认同哲学家查理·邓巴·布劳德（Charlie Dunbar Broad）的观点：

> 归纳逻辑的橱柜中藏有一副骸骨，但培根从未察觉到它的存在，第一个将它公之于众的人是休谟。康德举办了历史上最复杂的葬礼，并呼天喊地，恨不能把本体从地下叫出来，见证那具骷髅最终被处理掉了。但是，当送葬队伍扬起的尘土终于落定，“先验管风琴”的旋律袅袅散去之后，人们却发现棺材中空空如也，骸骨还在它原来的地方。[7]

波普尔

人们在阅读休谟的作品时也许会浅尝辄止。事实上，卡尔·波普尔爵士就是这样做的。波普尔是维也纳的一位哲学家，后来移居英国，在伦敦经济学院工作多年。在一本颇有影响力的关于科学逻辑的书中，[8]波普尔写道：

> 但是，如果我们想找到一种验证归纳推理合理性的方法，就必须先尝试建立一套归纳原理……
>
> 这套归纳原理不能是纯粹的逻辑真理……
>
> ……如果我们试图认为它的真理源自经验，那么一开始的那些问题将再次出现。

到目前为止，波普尔与休谟的观点仅在表述上有所不同。但紧接着他就断言休谟已经证明了归纳逻辑的不可能性：

> 我自己的观点是，这里概述的归纳逻辑面临的诸多困难都是不可克服的。[9]

波普尔在随后对科学的描述中，没有提到归纳推理。他认为所有推理都应该是纯粹演绎性的。实验预测是通过理论演绎做出的，如果观测结果证明预测是错误的，理论就会被驳倒，仅此而已。

图 10-1 卡尔·波普尔

这种观点从表面上看似乎有一定道理，而且一些科学家只是嘴上说说。但如果有人试图通过演绎的方式做出实验预测，就会发现这些演绎其实是福尔摩斯式演绎。也就是说，他会发现一系列似乎有理的归纳推理。作为练习，你可以从我们在第 9 堂课上讨论过的物理理论中选择一个，然后从该理论演绎出观测结果。把许多其他困难暂且放在一边，我们注意到，最多可以从理论演绎出概率。而且，我们最多可以观测到有限频率。如果我们小心一点儿，不要陷入伯努利骗局，那么我们肯定会完成归纳推理。

归纳怀疑论的不同等级

有人很可能会问，为什么波普尔不用古代怀疑主义者[10]阿格利帕（Agrippa）的五大论式来评论演绎推理呢，毕竟休谟在驳斥归纳推理时就是这样做的。有一个叫作“无穷回溯”（infinite regress）的问题：数学可以用集合论证明，集合论的一致性可以用更强的集合论证明，以此类推。也就是说，数学作为一个整体，是一个循环论证的过程。

或者说，为什么不问问某人为什么应当接受某个观点呢？论证某人为什么应该接受某个观点，是不是犯了乞题谬误呢？试图回答一个彻头彻尾的怀疑论者的问题，是一个愚人游戏。你可能会问我们在这堂课上是否会成为这种游戏的参与者。

对于不同的事物，我们有可能（有时甚至有充分的理由）区别对待，相信这些，而怀疑那些。因此，归纳怀疑论有等级之分，怀疑论者根据等级，要么提出问题，要么欣然接受。[11]对于各个等级，怀疑论者可能真的有必要根据自己的条件，讨论自己的怀疑是否合理。这样一来，我们有可能发现本书已经完全参与到归纳怀疑论的讨论之中，从我们第一次深入讨论概率论就开始了。接下来，回顾一下我们从这个角度学到的东西。

贝叶斯-拉普拉斯

在第 2 堂课上我们了解到，雅各布·伯努利认为他用大数定律解决了从数据推断概率的问题：

> 即使你不能演绎出先验，至少可以演绎出后验，也就是说，你可以根据类似事件的观测结果进行演绎。因为如果在之前的观测中，某个事件在某些情况下会发生或不会发生，那么我们可以推定，这一事件在类似环境中也会发生或不会发生。[12，13]

伯努利已经证明，只要实验次数足够多，我们就“确有把握”认为频率近似等于真正的概率。如果x约等于y，那么y也约等于x。因此，在大量的实验之后，我们可以认为真正的概率约等于观测到的频率。

这种非正式的证明方法通过把困难掩藏在“确有把握”和“近似等于”的外衣之下，给人一种看似合理的感觉。这就是我们在第4堂课上讨论过的伯努利骗局。在这一点上，我们需要的是一种健康的怀疑论，它将为真正的归纳推理分析扫清道路。

托马斯·贝叶斯和理查德·普莱斯发现，伯努利的证明并没有解决问题。普莱斯在他为贝叶斯论文撰写的前言中给出了一个精准的判断：

> 继伯努利之后，棣莫弗……给出了找到概率的更精确的规则：如果围绕某个事件进行大量实验，那么该事件的发生次数和未发生次数的比值，与该事件在单次实验中的发生概率和未发生概率的比值之间的差距将会变小，并被赋予一个小的极限值。
>
> 但据我所知，还没有人可以通过演绎解决该问题的逆问题，即“已知某未知事件的发生和未发生次数，求该事件的发生概率位于两个已知概率之间的可能性”。[14]

在《人类理解研究》的关于概率的一章中，大卫·休谟写道：

> 但是，如果我们发现不同的结果是由表面上非常相似的原因产生的，在我们把过去移植到将来，这些结果就会出现在我们的脑海里，当我们预测到某件事情发生的可能性时，也肯定会考虑到它们。虽然我们会倾向于最常见的结果，并相信这种结果肯定会发生，但是我们也不应当忽略别的结果。不过，我们必须按照它们发生频率的高低，赋予每个结果特有的权重和信度……
>
> 一个人无论用哪一种受到普遍认可的哲学体系来解释这种心理活动，他都会遇到困难。[15]

尽管伯努利和棣莫弗的想法跟休谟不同，但他们都没有解答出休谟问题。

贝叶斯给出了一个答案，后来拉普拉斯对这个答案进行了推广（我们在第6堂课上讲过这个故事）。据我们所知，贝叶斯的答案是同时针对伯努利骗局和休谟普遍怀疑论的。这是普莱斯的观点，他是贝叶斯和休谟的朋友。[16]我们可以翻到第6章，再看看普莱斯为贝叶斯论文重印本设计的扉页，这篇论文的标题是《一种基于归纳法计算所有结论的确切概率的方法》。[17]

贝叶斯没有给出预测概率（下一次实验结果的概率），休谟曾因此要求他做出解释。拉普拉斯在1774年[18]（当时他25岁）发表的那篇优秀论文中采取了这个步骤。通过假设均匀先验，他证明了著名的连续律。假设在$p+q$次实验中有p次取得了成功，则下一次实验的成功概率为

$$\frac{p+1}{p+q+2}。$$

拉普拉斯还考虑了一般性的情况：已知$p+q$次实验中有p次取得了

成功，那么，在进行$m+n$次实验的情况下，预测取得m次成功的概率。他告诉我们，如果$p+q$的数值很大，而$m+n$的数值很小，就可以取观测到的频率作为概率的近似结果。这与休谟的猜想一致："……按照它们出现频次的多少，赋予每个结果特有的权重和信度……"

但是，如果预测次数非常多，情况就会大不相同，所以"我觉得有必要指出这一点"。下面，我们将稍微偏离主题，把拉普拉斯的观点与20世纪的哲学家汉斯·赖欣巴哈（Hans Reichenbach）的观点做一下比较。赖欣巴哈是一位杰出的科学哲学家，是致力于推广科学哲学的柏林学派（Birlin Circle）的创始人之一。冯·米塞斯也是该学派的一名成员。[19] 赖欣巴哈是波普尔的竞争对手，他坚持认为科学不只是演绎推理。至今，仍然有很多哲学家认为赖欣巴哈的归纳法有很强的竞争力。为了躲避纳粹迫害，赖欣巴哈加入了移民队伍，从柏林去往伊斯坦布尔（同行的有冯·米塞斯），后又进入了加州大学洛杉矶分校，直到离世。

和冯·米塞斯一样，赖欣巴哈也是一位频率主义者，但他们的理论不同。冯·米塞斯没有提出任何归纳理论，而赖欣巴哈信守的一条法则却猜测或者"假设"样本频率就是频率极限。在被修正之前，假设会被视为真实情况，这意味着概率已知：

> 我们假设极限值为h^n（即样本频率），这就好像在玩掷骰子游戏一样，只不过我们押的是h^n。[20]

如果$p+q$的数值很小，而$m+n$的数值很大，那么在这条法则的指引下，赖欣巴哈的赌博行为就会显得非常奇怪。我们考虑一种极端的情况，假设他赌的是相对频率极限。在抛掷10次硬币并得到6次正面朝上的结果之后，赖欣巴哈肯定愿意拿出自己的全部财富与一便士对赌，赌相对频率极限为 0.6。再做一次实验，他确信的相对频率极限又会变成另一个值。如果未来的实验次数非常多，同样的情况就会不断重复，不过变化幅度会比较小。我们认为，赖欣巴哈对拉普拉斯研究的关注度不够。

拉普拉斯的这篇论文并未就此结束，他随后又证明了贝叶斯一致性（Bayesian Consitency）：[21]

> 假设p和q这两个数值非常大，以至于我们几乎可以确定罐子中的白票数与总票数的比值位于两个极限值$p/(p+q-w)$和$p/(p+q+w)$之间。其中，w小于任何给定量。[22]

贝叶斯–拉普拉斯推理收敛于真实概率。

根据他们的假设，贝叶斯和拉普拉斯表明伯努利的结论是正确的。我们可以推断出后验概率的近似值，而且，他们的确解答了休谟问题。他们告诉我们，相信将来类似于过去的做法，在有些时候或从某种意义上看是合理的。他们还解释了在计算未来事件的“权重”时如何正确使用过去的频率。

但是，这些结论都是以假设条件为前提的。我们有可能对这些假设提出质疑。

无知如何量化?

基于某种模型和对无知的某种量化，休谟问题得到了解答。更激进的怀疑论者肯定会质疑这两个假设。贝叶斯本人似乎也对他的均匀先验假设感到不安，因此他试图通过独立的证明得出相同的结论，好让自己放心。这个假设受到了各种各样的质疑:均匀先验为什么不是关于硬币偏倚的平方值或者其他数值的呢?如果无法用独特的方式量化无知,我们还能解答休谟问题吗?

无知是知识的对立面,因此,无知先验应该是没有相关知识储备的先验。我可能确切地知道罐子里装有什么或者硬币有什么偏倚。我也可能知道的不多,但我仍然知道一些信息。我可能知道罐子里的黑票比白票多,或者知道硬币对正面朝上的偏倚大于 1/2。但是,假设我并不知道这些。

那么,我对偏倚硬币的无知先验会为位于 0 到 1 之间的任意开区间的真实概率赋予一个正值。这种先验并非只有无知先验这一种名称,类似的名称还有很多种。如果你因为它们的尖峰状分布而不愿意称它们为无知先验,就叫它们做非教条式先验或者怀疑性先验吧,因为这些先验与古老的怀疑论在精神上是高度一致的。[23]

拉普拉斯对均匀先验做出的阐述,同样适用于偏倚硬币的所有怀疑性先验。如果有足够的经验,贝叶斯学派就会在这些先验的引导下,对明天的情况做出接近于可观测频率的预测。当概率为 1 时,贝叶斯学派的预测就会收敛于[24]真实概率。对于偏倚骰子或从"大自然这个大罐子"中抽取的样本,情况亦如此。怀疑性先验战胜了怀疑论。[25]

教条主义者会怎么样?逻辑本身并不能阻止一个人变成教条主义者。例如,假设这个人确信硬币对正面朝上的偏倚大于 1/2,而且这个偏倚位于 1/2 和 1 之间的先验是均匀的。如果偏倚的真实值是 1/4,他就永远不会知道。然而,他相信自己会知道真实概率,因为他确定它们在 1/2 和 1 之间。你和我可能都认为他不会知道真实概率是多少,但他并不这样认为。旁观者可能会产生怀疑,但在某种意义上,当局者却不会有任何疑虑,他相信自己没有错。这种情况非常普遍。[26]他对自己的预测将收敛于真实概率的置信度为1。

怀疑性先验与归纳怀疑论根本不是一回事，就连教条性先验也与当局者的归纳怀疑论不一致。不过，贝叶斯–拉普拉斯模型中还有另外一个非常重要的假设。

概率是否存在？

上述一切都发生在一个特定的概率模型中。在休谟看来，我们可能会认为“世界上不存在像概率这样的事物”。[27] 我们可以在第7堂课的内容中找到这个增强版怀疑论问题的答案，它来自休谟的崇拜者——菲尼蒂。

假设有一个由“是”和“否”事件构成的潜在无限序列，而且你是一个不太坚定的频率主义者：

> 在你看来，对于一个给定长度的有限结果序列，影响其概率的唯一因素就是该序列中成功结果的相对频率。

也就是说，如果两个序列的长度和相对频率都相同，你就会认为它们的概率也相同。

根据菲尼蒂的证明，你的观点与贝叶斯非常相似，因为你使用了他的概率模型和某种先验（不一定是扁平的）。而且，该先验仅取决于你对结果序列的置信度。[28]

菲尼蒂和休谟一样，都认为世界上没有像概率这样的东西。他还告诉我们，对于贝叶斯分析，我们可以取其精华、去其糟粕。如果你怀疑概率、概率模型和概率先验的存在，那么菲尼蒂可以告诉你如何根据你的置信度得到它们，前提是它们满足前文介绍的可交换性条件。

此外，你必须百分之百地相信相对频率极限是存在的，并且根据重复经验，你的概率将收敛于相对频率极限。[29] 如果你的置信度是可交换的，你就不可能是归纳怀疑论者。

但是，你的置信度可能不可交换。它们没有理由一定是可交换的。然后呢？

如果置信度不可交换，会怎么样？

除了可交换性，置信度可能还有其他对称性，这些对称性通常会产生某些归纳结果。对称性减弱，让步于顺序效应，并产生马尔可夫可交换性。顺序效应不仅限于此，还包含不同类型的时间顺序和时空顺序。一般来说，置信度的对称性是进行各种类比推理的原因。菲尼蒂早在 1938 年就提出了这一观点，[30] 后来该观点被多次发展完善。[31]

我们在第 8 堂课讲过，遍历性理论最初在统计力学中是用来解释概率的，从另外一个截然不同的角度看，它还大幅推广了菲尼蒂定理。

假设你把自己正在考虑的问题封装到某一空间中。对于这个问题，你有自己的置信度，即空间概率测度。假设你的置信度具有某种对称性，也就是说，这些置信度在空间的一组变换中保持不变。例如，该对称性可能是可交换性，先后顺序无关紧要。那么，对频率相同但起始段的先后顺序不同的序列进行交换，你的置信度保持不变。可交换性是你的概率在这组变换中表现出来的不变性。

这些变换代表你对重复实验的认知。[32] 不变性意味着概率结构在该变换（或一组变换）中保持不变。

（我们强调对称的主观性。你和我对重复实验的认识可能不同，这是因为我们的置信度有不同的对称性。）

你在概率空间中取一点x，然后从这个点开始，思考一系列的重复实验：x, Tx, TTx，…，T^nx。接着，你追踪某个属性（例如，这些点都属于某个可测集A）的相对频率。[33] 完成上述步骤后，你百分之百地相信相对频率极限存在！[34，35]

注意，从这个意义上看，你不可能是一个归纳怀疑论者。你不可能是赖欣巴哈所谓的怀疑论者，因为他们对相对频率极限的存在持怀疑态度。但是，只要你思考的是重复实验构成的序列（在你看来，它们是同一个实验），你就不可能产生这种怀疑。这是你的置信度对称性产生的结果。

正如刚开始时强调的那样，你的概率和你对重复实验的认知，都取决于你。你和我在这些方面可能不同。我们可能会彼此怀疑，但不会怀疑自己。

那些用来描述世界的谓词呢？

哲学家纳尔逊·古德曼（Nelson Goodman）在1955年出版的《事实、虚构和预测》（*Fact, Fiction and Forecast*）[36] 一书中提出了绿蓝悖论（Grue Paradox），表达了对纯粹依赖句法的确认理论的绝望。谓词“绿蓝”适用于只要是绿色就在t时刻之前接受过检验的所有东西，以及只要是蓝色（就不检验）的其他东西。那么，我们在t时刻掌握的证据是，之前检验的所有绿宝石都是绿色的。如果我们知道当前的时间，我们掌握的证据还可以表明之前检验的所有绿宝石都是绿蓝色的。两个假设都采用了“所有X都是Y”的句法形式，相应的证据采用的则是“所有观察到的X都是Y”的句法形式。但是，我们并不认为“所有绿宝石都是绿色的”和“所有绿宝石都是绿蓝色的”这两个假设得到了同样充分的证据的确认。

古德曼的结论是，某些谓词的规律性可以投射到未来，而其他谓词的规律性则不可以。他认为，如何对可投射性谓词的特征进行分类，是归纳法面临的一个新难题。20 世纪下半叶，这个难题得到了广泛的讨论。

接下来，我们从菲尼蒂的视角来看古德曼举的例子。菲尼蒂对大家普遍接受的分类基础提出了质疑，由此可见他至少和古德曼一样激进：

> 对我们来说，那些有时被称作重复事件或多次实验的东西，其实是许多个不同的事件。一般来说，它们都拥有共同或对称的特征，因此我们会自然而然地赋予它们相等的概率。不过，从理论上讲，没有先验理由阻止我们随心所欲地为事件$E_1 \cdots E_n$赋予各不相同的概率$p_1 \cdots p_n$。对我们而言，这种情况与n个彼此之间没有相似性的事件，原则上没有任何不同。因相似性而产生的“相同事件的多次实验”（我们通常称之为“相同现象”的多次实验）的说法，并不是其内在特征，它最重要的意义就在于可能会对我们的心理判断产生影响……

对菲尼蒂来说，相似性的判断具有主观性，它们体现在一个人的主观概率上。假设你准备抛掷一枚偏倚未知的硬币，并且以一种不同寻常的方式呈现抛掷结果。在前 100 次实验中，如果结果是正面朝上，某个随机变量就取值 1，反之则取值 0。在接下来的实验中，如果结果正面朝上，随机变量取值 0，反之则取值 1。

如果你对抛硬币的置信度与常人相同，你就会认为这个“古德曼式”

随机变量序列是不可交换的。但是，如果随机变量序列赋予正面朝上和反面朝上的值保持不变，分别是 0 和 1，你就会认为该序列具有可交换性。不过，逻辑不可能要求你的置信度与常人无异。根据某个人的置信度，古德曼式序列是可交换的，而常规序列是不可交换的。你和他都相信未来会像过去一样，但方式不同。

古德曼的疑虑已经被菲尼蒂解决了。[37] 通过可交换性及其扩展，可投射性在一种主观贝叶斯环境中得以体现。①

如何看待不确定性证据呢？

到目前为止，人们设想的学习经验已经被模型化为以证据为条件、包装讲究的命题。[38] 较为激进的怀疑论者甚至可能会质疑这一点。理查德·杰弗里的"激进概率主义"就持有这样的立场。[39] 激进的概率主义者必然是激进的归纳怀疑论者吗？

图 10-2　理查德·杰弗里

假设我们通过与某种黑盒子交互（图 10–3）来学习并更新我们的概率。那么，我们需要通过某种办法来区分这些交互，因为有些交互可被视为学习经验，有些则

① 我们把可交换性的各种扩展也囊括进来，是因为古德曼的一些将过去的模式投射到未来的谈话。关于模式，古德曼指的可能就是规律。但是，如果认真思考，我们就会发现模式指的是马尔可夫可交换性和其他形式的部分可交换性。古德曼的可投射性有多种形式，不同形式的可投射性会形成不同的置信度对称性。

可以看作思维蠕虫、洗脑、致幻药物、塞壬诱惑尤利西斯的歌声等。历时相关性似乎是一种可行的办法。[40–41]

图 10-3　一只猫正在通过黑盒子获取学习经验

如果我们想象这个经验序列不断向未来延伸（图 10–4），并将它们视为学习经验，相关性就会要求它们在我们的置信度上形成一个鞅。[42] 修正后的概率序列会形成一个鞅，这说明鞅收敛定理开始发挥作用。所以，我们必定认为我们的置信度将会收敛。

我们再增加一个条件，假设有人质疑标准概率论的数学理想化方法。标准鞅收敛定理需要使用柯尔莫哥洛夫框架，这个框架又需要用到可数无限可加性。我们已经看到菲尼蒂对这种理想化方法表示怀疑。但是，对柯尔莫哥洛夫使用的可数可加性（或连续性）持怀疑态度的人则不必担心，因为有限可加的鞅就可以实现这个目的。

图 10-4　一只猫正在思考一个黑盒子学习经验序列

由此可见，怀疑论者对几乎所有事物都提出了质疑。不过，我们相信我们的置信度肯定会收敛，尽管我们无法说出它们会收敛于何处。即使在这样严苛的情况下，我们也不能成为一名彻头彻尾的归纳怀疑论者。

小　结

休谟认为，一个人在心理上无法接受自己做一名彻头彻尾的怀疑论者：

> 既然理性无法驱散这些疑云，那么自然本身可以达成这一目的……

总的来说，这种想法是正确的，尽管人类心理可能会表现出系统性怪癖。

但是，正如休谟和罗素强调的那样，从逻辑上讲，做一名彻头彻尾的怀疑论者是有可能的。即便我们竭力避免，我们仍然假设了一些东西。逻辑不会迫使一个人相信他将面临的学习经验序列[①]。一个人的行为有可能前后不一致，或者认为自己在未来不会保持这种一致性。有人甚至不一定相信未来的存在。因此，绝对怀疑论是驳不倒的。

但除了绝对怀疑论之外，还有不同等级的归纳怀疑论，不同之处就在于怀疑论者会把哪些东西摆到桌面上，会对哪些东西提出质疑。有些怀疑论者甚至可能会质疑他们矢志不渝的追求。在这种情况下，理性可以打消疑虑。

贝叶斯、拉普拉斯及其追随者解决了某种环境下的归纳问题。菲尼蒂及其追随者则利用较少的假设，在一个更令休谟满意的环境下，解决了休谟问题。值得我们注意的是，相关性置信度本身的逻辑在多大程度上限制了归纳怀疑论。

---

① 学习经验无穷序列自然只是我们的想象。但是，别忘了菲尼蒂定理的有限形式。

附　录
概率辅导课

我们假设本书读者都上过一门概率论或统计学的本科课程。戴维·弗里德曼、罗伯特·皮萨尼（Robert Pisani）和罗杰·普维斯合著的《统计学》（*Statistics*），以及威廉·费勒（William Feller）的《概率论及其应用》（*An Introduction to Probability and its Applications*），都足以帮助读者达到阅读本书的要求。但是，考虑到大家对概率论的学习可能是在几年前，我们特意准备了一堂简要的辅导课，内容包括：基本模型、样本空间和求和符号，非传递性悖论案例，加法法则、独立性和乘法法则、条件概率、贝叶斯定理、全概率法则等基本事实，关于随机变量和期望的讨论，对条件期望和鞅的介绍。

符号：把事情记录下来

书写概率结果需要使用集合与求和符号。以下是一个简短的学习指导，我们介绍的第一个内容是有限集符号。例如：

$$\mathcal{X} = \{\text{佩尔西，布莱恩，比尔}\}$$

是一个由三个姓名构成的集合。

$$\mathcal{X} = \{2, 3, 5, 7, 11, 13\}$$

是由前 6 个素数构成的集合。通常我们不需要说明集合的内容，但仍然不可避免地用到占位符。例如，我们会这样写，设$\mathcal{X} = \{x_1, x_2,\cdots,x_N\}$是一个包含$N$个元素的集合。在上文的第一个例子中，$N = 3$，$x_1$ = 佩尔西，x_2 = 布莱恩，x_3 = 比尔；在上文的第二个例子中，$N = 6$，$x_1 = 2$。

我们介绍的第二个内容是概率测度或概率分布的概念。有限集的概率是$P(x_1), P(x_2), \cdots, P(x_N)$的集合，$P(x)$是正值［记作$P(x)\geqslant 0$，事实上$P(x) = 0$是允许的］，且和为 1，也就是说，$P(x_1) + P(x_2) + \cdots + P(x_N) = 1$。例如，$P$(佩尔西) = P(布莱恩) = P(比尔) = 1/3，或者P(佩尔西) = 1/10，P(布莱恩) = 1/5，P(比尔) = 7/10。

掌握了这两个内容，概率这个基本的数学问题就不难表述了。

概率论基本问题

已知$\mathcal{X} = \{x_1, x_2,\cdots, x_N\}$是一个包含$N$个元素的集合，$P(x_1), P(x_2),\cdots, P(x_N)$是$\mathcal{X}$的概率，$A$是$\mathcal{X}$的一个子集，计算或近似计算$P(A)$的值，即对$x$属于$A$，求$P(x)$的和。

例：如果$\mathcal{X}$ = {佩尔西，布莱恩，比尔}，且P(佩尔西) = P(布莱恩) = P(比尔) = 1/3，A = {布莱恩，比尔}，则$P(A)$ = P(布莱恩) + P(比尔) = 2/3。

例：如果$\mathcal{X}=\{1, 2, 3, 4, 5, 6, 7, 8, 9, 10\}$，$P(x)=1/10$，$A=\{2, 3, 5, 7\}$是$\mathcal{X}$中的素数集，则$P(A)=4/10$。

这种数学形式的概率问题会把$\mathcal{X}$、$P(X)$和A告诉我们，我们需要做的就是计算$P(A)$的值。如果N很大，或者$P(x)$没有直接给出，或者A是一个复杂的集合，计算的难度就会变大。

还有一个符号非常有用，但如果你以前没见过，可能会觉得反感，它就是求和符号。如果$P(x)$是$\mathcal{X}$的概率，A是一个子集，我们可以写出下式：

$$P(A)=\sum_{x\in A}P(x)。$$

该式的右边读作：对x属于A，求$P(x)$的和。因此，在第一个例子中，如果A是$\mathcal{X}$中首字母为B的姓名，则

$$\sum_{x\in A}P(x)=P(\text{布莱恩})+P(\text{比尔})=\frac{2}{3}。$$

我们把样本空间$\mathcal{X}$和概率$P(x)$的这种规范称作标准模型。

案例：非传递性悖论

下面举一个结构简单但结果令人吃惊的例子。在这个案例中，A强于B，B强于C，而C强于A。当然，像“强于”这样的关系有时是非传递性的。如果A爱B，B爱C，那么A往往不爱C。经典的剪刀石头布游戏是另一个众所周知的案例。尽管如此，我们打赌下面这个例子定会让你大吃一惊！

我们从一个经典的幻方（magic square）开始：

4	3	8
9	5	1
2	7	6

在这个幻方中，所有行、列以及两条对角线上的数字之和都是 15。接下来，我们玩一个游戏，把三列数字看成三堆牌：

牌堆Ⅰ	牌堆Ⅱ	牌堆Ⅲ
$\{4, 9, 2\}$	$\{3, 5, 7\}$	$\{8, 1, 6\}$

需要的话，我们可以从一副扑克牌中取出红桃 $1, 2,\cdots, 9$，把A看作1，然后把它们分成如上图所示的三堆牌。之后，我们就可以开始玩游戏了。你从这三堆牌中选择一堆，我们再从剩下的两堆牌中选择一堆。我们分别洗牌（不准作弊），洗好后各自翻开最上面那张牌，点数大的人获胜。我们可以断言，无论你选择哪一堆牌，我们都可以打败你！假设你选择牌堆Ⅰ$\leftrightarrow \{4,9,2\}$，我们就会选择牌堆Ⅱ$\leftrightarrow \{3,5,7\}$，并宣布我们的获胜概率是 5/9。记住，这只是一个练习，目的是教大家进行简单的概率计算。那么，样本空间$\mathcal{X}$是什么？基础概率$P(x)$是什么？我们感兴趣的子集A是什么？最后，$P(A)$又是什么？

至此，游戏只涉及牌堆Ⅰ和牌堆Ⅱ。打乱两堆牌的次序，然后分别翻开它们的第一张牌，得到的可能结果是：

$$\mathcal{X}=\{(4, 3), (4, 5), (4, 7), (9, 3), (9, 5), (9, 7), (2, 3), (2, 5), (2, 7)\}。$$

我们以(4, 3)为例，它表示牌堆Ⅰ的第一张牌是4，牌堆Ⅱ的第一张牌是3。也就是说，$\mathcal{X}$一共有9个元素。我们的公平洗牌假设表明，所有9种可能结果的概率均等。因此，$P(x) = 1/9$。我们来计算一下玩家Ⅱ（也就是我们）获胜的概率。与之对应的是：

$$A = \{(4, 5), (4, 7), (2, 3), (2, 5), (2, 7)\}。$$

由此可见，

$$P(\text{牌堆Ⅱ胜过牌堆Ⅰ}) = P(A) = \frac{5}{9}。$$

请大家自行证明

$$P(\text{牌堆Ⅲ胜过牌堆Ⅱ}) = \frac{5}{9}，P(\text{牌堆Ⅰ胜过牌堆Ⅲ}) = \frac{5}{9}。$$

大家还可以检验一下，看看由幻方的三行数字构成的牌堆是不是也具有非传递性。

这个游戏有很多种变体。标准的4×4幻方无法形成非传递性牌堆，但标准结构的奇数阶幻方肯定可以。

基本事实：游戏规则

继续讨论一般情况。给定任意$\mathcal{X}$和$P(x)$，根据基本模型都可以得出若干可以简化计算的结果：

- 不相交事件的加法法则
- 独立事件的乘法法则
- 条件概率和贝叶斯定理
- 全概率法则

这些都是由标准模型推导得出的简单定理。当然，在新环境下，我们必须不断实践，才能学会得心应手地使用基本工具。自始至终，X是一个有限集，$P(x)$是$\mathcal{X}$的一个概率。

加法法则

假设A和B是$\mathcal{X}$的子集，两者没有相同的元素，即$A \cup B = \{x$属于A或$B\}$，则

$$P(A \cup B) = P(A) + P(B)。$$

例：取一副普通的 52 张（不包含大王和小王）扑克牌，设$\mathcal{X}$为洗牌并翻开第一张牌的实验。也就是说，

$$\mathcal{X} = \{\mathrm{AC, 2C, \cdots, KC, AH, \cdots, KD}\}$$

且对于所有x，$P(x) = 1/52$，其中AC代表梅花A，KD代表方块K。设A对应的事件为翻开的牌是A，也就是说，$A = \{\mathrm{AC, AH, AS, AD}\}$。显然，

$$P(A)=\frac{1}{13}\text{。}$$

设B对应的事件为翻开的牌是 2，B = {2C, 2H, 2S, 2D}，$P(B)$ = 1/13。那么，$A∪B$对应的事件为翻开的牌是A或 2。A和B显然没有相同的元素，因此，

$$P(A∪B)=P(A)+P(B)=\frac{2}{13}\text{。}$$

但是，如果B对应的事件为翻开的牌是梅花，即

$$B = \{AC, 2C, 3C, 4C, 5C, 6C, 7C, 8C, 9C, 10C, JC, QC, KC\}$$

且$P(B)$ 1/4，则$P(A∪B) \neq P(A)+P(B)$。

练习：对任意概率空间中的任意子集A和B，证明下列法则：

$$P(A∪B)=P(A)+P(B)-P(A∩B)$$

其中，$A∩B$表示A与B的交集，即由两个集合中的相同元素构成的集合。利用上述公式可得

$$P(A\text{或梅花})=\frac{1}{13}+\frac{1}{4}-\frac{1}{52}=\frac{16}{52}\text{。}$$

练习：取一副 52 张（不包含大王和小王）扑克牌，充分洗牌。设A对应的事件为“最上面那张牌是A”，B对应的事件为“第二张牌是梅花”，

则 $P(A\cap B)$ 是多少？你能做出解释吗？能概括出其中的规律吗？

独立性和乘法法则

A 和 B 相互独立的条件是

$$P(A\cap B)=P(A)P(B)。$$

注意，独立性不仅取决于 A 和 B，还取决于概率 P。

例：在翻最上面一张牌的例子中，如果 A 对应的事件是“翻出 A”，B 对应的事件是“翻出梅花”，则 $A\cap B=\{\mathrm{AC}\}$，且

$$P(A\cap B)=\frac{1}{52}=\frac{1}{4}\times\frac{1}{13}=P(A)P(B)。$$

条件概率

我们把子集 A 和 B($P(B)>0$）的条件概率定义为

$$P(A|B)=\frac{P(A\cap B)}{P(B)}。$$

上式的左边读作在 B 发生的条件下 A 发生的概率。定义时，取基础概率 P，使之受限于 B，也就是 $P(A\cap B)$，然后做归一化处理，使概率之和等于 1。

例：在翻最上面一张牌的例子中，如果B对应的事件是“翻出梅花”，A对应的事件是“翻出大于 7 的牌”，则

$$P(A|B)=\frac{7}{13}。$$

观察可知，如果A和B相互独立，则$P(A|B)=P(A)$。你可以举一个关于$\mathcal{X}$、$P(x)$、A、B的例子，使$P(A\mid B)=P(A)$，但A和B不互相独立吗？

贝叶斯定理

如果A和B是任意子集，且它们的概率均为正值，则

$$P(A|B)=\frac{P(B|A)P(A)}{P(B)}。$$

这个简单的公式可由定义直接得出。将$P(A|B)$替换为$P(A\cap B)/P(B)$，将$P(B|A)$替换为$P(B\cap A)/P(A)$，可得

$$\frac{P(A\cap B)}{P(B)}\overset{?}{=}\frac{P(B\cap A)}{P(A)}\frac{P(A)}{P(B)}。$$

由于$P(A\cap B)=P(B\cap A)$，消除同类项就会发现上式成立。

例：在翻最上面一张牌的例子中，A对应的事件是“大牌”（大于或等于 7），B对应的事件是“梅花”，则$P(A|B)=7/13$，$P(B|A)=1/4$，$P(A)=7/13$，$P(B)=1/4$，结果符合上述公式。

练习：有三只罐子，各装了两个球。第一只罐子中有两个白球，第二只罐子中有一个红球和一个白球，第三只罐子中有两个红球。随机选择一只罐子（概率是 1/3），然后从该罐子中随机抽取一个球（概率是 1/2）。如果你取出的是一个红球，请问罐子中的第二个球也是红色的概率为多少？

全概率法则

这是根据上述的定义得出的一个简单实用的结果。设 $B_1, B_2, \cdots, B_k$ 是由 X 分解的不相交子集，且对所有 i，$P(B_i) > 0$，则对任意集合 A，均有

$$P(A) = \sum_{i=1}^{k} P(A|B_i)P(B_i)\text{。}$$

例：继续三只罐子的练习。设 A ={一个红球被选中}，B_i = {第 i 只罐子被选中}，i = 1, 2, 3。那么，$P(B_i)$ = 1/3，$P(A \mid B_1) = 0$，$P(A \mid B_2)$ = 1/2，$P(A \mid B_3) = 1$，因此

$$P(A) = 0 \times \frac{1}{3} + \frac{1}{2} \times \frac{1}{3} + 1 \times \frac{1}{3} = \frac{1}{2}\text{。}$$

回过头看，“根据对称性”，1/2 似乎是显而易见的。许多事情事后看来都是显而易见的。

随机变量和期望

基本模型有一个简单但却非常有用的扩张。设 $\mathcal{X}$ 是一个有限集，

$P(x)$是$\mathcal{X}$的概率。随机变量（random variable）是为$\mathcal{X}$中的点赋值的函数$X(x)$。它的期望（expectation）就是各点与$P(x)$的加权平均：

$$E(X)=\sum_{x}X(x)P(x)。$$

例：在翻最上面一张牌的例子中，$\mathcal{X}=\{\mathrm{AC},2\mathrm{C},\cdots,\mathrm{KD}\}$，$P(x)=\frac{1}{52}$。设$X(x)$为扑克牌$x$的值，则$X(7\mathrm{C})=7$, $X(\mathrm{AC})=1$, $X(\mathrm{KD})=13$，以此类推。那么，

$$\begin{aligned}E(X)&=\frac{1}{52}(1+2+\cdots+13+1+2+\cdots+13+\cdots+1+2+\cdots+13)\\&=\frac{1}{13}(1+2+\cdots+13)=7。\end{aligned}$$

根据上述定义，我们很容易得出非常有用的线性特征。如果X和Y是随机变量，则

$$E(X+Y)=E(X)+E(Y)。$$

这不由得让人想起加法法则，但期望的线性特征对任何随机变量都成立，不需要具备不相交关系和独立性。

例：假设我们用一副普通的52张扑克牌（不包含大王和小王）进行猜牌实验。洗牌之后，“猜牌者”尝试猜出当前牌堆上的第一张扑克牌的牌值。每次猜完，就翻开这张牌，并将它拿走。猜完整个牌堆的话，猜对次数的期望值是多少？

解答：这道题的答案取决于猜牌者如何使用实验过程透露出来的信息。考虑以下 4 种情况：

1. 猜牌者不考虑这些信息，每次都猜 AC。
2. 猜牌者不考虑这些信息，每次都随机猜一个牌值。
3. 猜牌者认真考虑这些信息，并且把猜测范围限定为牌堆中剩下的牌。
4. 猜牌者最先猜 A 的牌值，然后每次都猜上一次被翻开的那张牌的牌值。

我们把这 4 种情况分别称作白痴型、随机型、贪心型和最糟糕型，那么这 4 种类型的期望值分别是多少呢？针对每种类型，我们用 X_i 表示随机变量，如果第 i 次猜对了，则该随机变量的值为 1，否则为 0。猜对的总次数为：

$$S = X_1 + X_2 + \cdots + X_{52}。$$

我们的任务是确定 $E(S)$ 的值。

第一种情况——白痴型：根据线性特征，$E(S) = E(X_1) + E(X_2) + \cdots + E(X_{52})$。显然，$E(X_1) = \frac{1}{52}$。同理，$E(X_2) = E(X_3) = \cdots = E(X_{52}) = \frac{1}{52}$。因此，

$$E(S) = \frac{1}{52} + \cdots + \frac{1}{52} = 1。$$

第二种情况——随机型：同理可知，

$$E(S) = 1。$$

如果你了解方差的概念，就会知道第一种情况的方差为0，而第二种情况的方差为$1-\frac{1}{52}$。

第三种情况——贪心型：由于$E(X_1)=\frac{1}{52}$, $E(X_2)=\frac{1}{51}$, $E(X_3)=\frac{1}{50}$, …, $E(X_{52})=1$，因此

$$E(S)=1+\frac{1}{2}+\cdots+\frac{1}{52}\doteq 4.5。$$

第四种情况——最糟糕型：同样地，$E(X_1)=\frac{1}{52}$，但对于所有的$i>1$，$E(X_i)=0$。因此

$$E(S)=\frac{1}{52}。$$

在诸如此类的计算中，线性特征可以起到化繁为简的作用。

练习：如果第i次猜对，则$X_i=i$，否则$X_i=0$。那么，上述4种猜牌方法的$E(S)$分别是多少？

条件期望和鞅

条件概率、随机变量和期望可以组合在一起。如果X和Y是随机变量，我们可以将$X=x$时Y的条件期望定义为

$$E(Y\,|\,X=x)=\sum_{z}Y(z)P(z\,|\,X=x)。$$

在等式右边，如果z属于B，则$P(z \mid X = x) = P(z)/ P(B)$，反之则等于 0，其中$B = \{y{:}X(y) = x\}$。

例：在翻开最上面一张牌的例子中，设Y是最上面一张牌的牌值，如果它大于或等于 7，则X的值为 1，反之则为 0。如果z是一张牌值大于或等于 7 的牌，则$P(z \mid X= 1) = \frac{1}{7}$，否则等于 0。于是，

$$E(Y|X = 1) = \frac{1}{7}(7 + 8 + 9 + 10 + 11 + 12)= \frac{57}{7} \doteq 8.14。$$

同理，

$$E(Y|X = 0) = \frac{1}{6}(1 + 2 + 3 + 4 + 5 + 6)= \frac{7}{2} \doteq 3.5。$$

条件期望作为Y的函数，仍然具有线性特征。如果X和Y相互独立，则

$$E(Y|X = x) = E(Y)。$$

有了这些定义，我们就可以从初等概率论朝着现代概率论迈进了。设$X_1, X_2,\cdots, X_n$是随机变量，如果对于每个i，都有

$$E(X_i \mid X_1 = x_1 \cdots X_{i-1} = x_{i-1}) = x_{i-1},$$

这些随机变量就会形成一个鞅。因此，未来期望对过去的依赖性只能通

过现在来实现。这个理论虽然超出了本书的讨论范围，但它并没有超出初等概率论的范围。

案例：波利亚的罐子

以下案例结合了前面介绍的大部分内容，包括概率基础知识和鞅。我们认为任何人都能看懂它，并从中看出研究概率的人的言谈和思想。

例子一开始非常简单：一只罐子里有两个球，分别被标记为 0 和 1。规则也非常简单：每次从罐子中随机（均匀）地抽取一个球，再将它与另一个标记着同样数字的球一起放回罐子中。因此，两轮之后就会出现以下几种可能的结果：

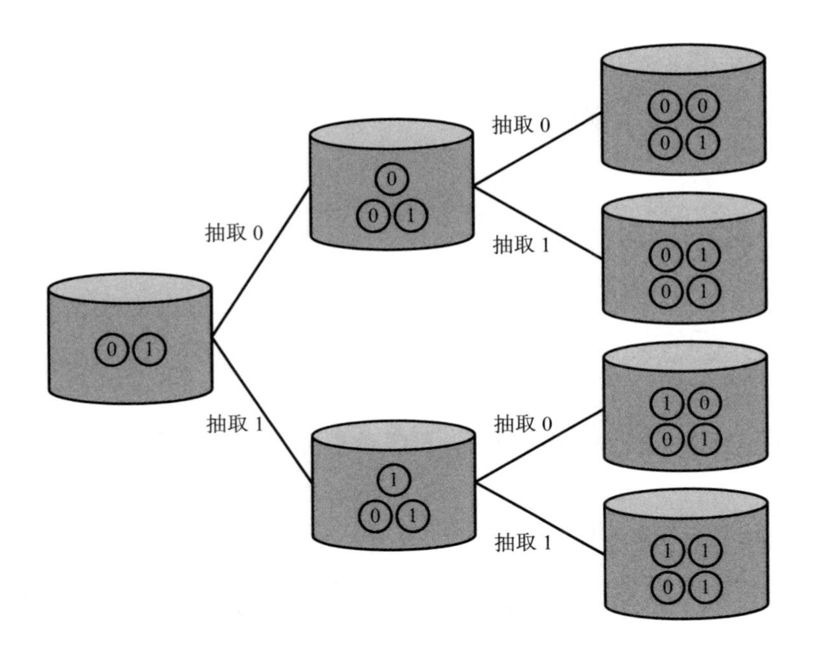

在引入这个罐子模型时，波利亚（Pólya）和埃根伯格(Eggenberger)讲述了一个与健康相关的故事：由于人口的进化结果会对未来结果的概率产生影响，因此会形成一种蔓延现象。注意，要把波利亚罐子的样本空间和基础概率模型写出来的话，是一件很麻烦的事。我们可以这样做：两轮之后，有 4 个结果，即

$$\mathcal{X} = \{00, 01, 10, 11\}，其中 P(00) = \frac{1}{3}，P(01) = P(10) = \frac{1}{6}，P(11) = \frac{1}{3}。$$

三轮之后有 8 个结果，以 $P(000)$ 为例，它的值为 1/4。n 轮之后，有 2^n 种可能的结果，以 $P(0\cdots0)$ 为例，它的值为 $\frac{1}{n+1}$。我们可以写出这些概率，但我们没必要继续写下去。

例：设在 n 时刻罐子中标记为 1 的球所占比例为 X_n，则 $X_0 = \frac{1}{2}$，如果序列从 010 开始，则

$$X_0 = \frac{1}{2}, X_1 = \frac{1}{3}, X_2 = \frac{1}{2}, X_3 = \frac{2}{5}, \cdots$$

我们可以断言随机变量序列 $X_0, X_1, X_2, \cdots$ 形成了鞅。很容易看出，n 轮之后，下一轮的比例仅与上一轮有关；在 n 时刻罐子中有 $n+2$ 个球，

$$E(X_{n+1} \mid X_1, X_2, \cdots, X_n) = E(X_{n+1} \mid X_n) = X_n。$$

练习：用你自己的方法验证 $n = 3$ 时上面最后一步计算是否正确。如果在 0 时刻罐子中有 a 个标记着 0 的球和 b 个标记着 1 的球，试证明 X_n 序

列会形成鞅。

你可能会问“那又怎么样呢？”，我告诉你，鞅有很多特性。首先，当n变得很大时，X_n就会收敛于某个极限。（这个特性不太容易看到，为什么它不振动呢？）其次，鞅有任选抽样特性，比如在随机时刻T停止，$E(X_T) = E(X_0) = \frac{1}{2}$，因此我们有中心极限定理，以及阿祖马–霍夫丁不等式（Azuma-Hoeffding inequality）等确定波动边界的简单方法……这些主题是研究生概率论课程的基础内容，它们在计算机科学中也有一席之地。我们的同事唐·克努特（Don Knuth）在他的著作《计算机程序设计艺术》（*The Art of Computer Programming*）中就介绍了鞅和波利亚罐子模型的一些新特性。

从离散到连续再到更大空间

到目前为止，我们已经发展了有限空间的概率，所以对连续空间和更大范围的概率进行归纳，并不是一件难事。如果$f(x)$是实变量x的函数，$f(x) \geqslant 0$，$\int_{-\infty}^{\infty} f(x)dx = 1$，$A$是一个子集，则可以定义

$$P(A) = \int_A f(x)dx。$$

当然，在定义等式右边的积分时要小心一点儿，这可能是研究生实数分析课程的内容。总体情况几乎不会改变，前面讨论的所有特性都适用于这种柯尔莫哥洛夫的公理化概率。

无论如何，任何人在现实世界中可以观测到的任何东西都只能用有限数量的小数来测量。只要你掌握了离散概率，就可以高枕无忧。

计算机登场!

计算机模拟正在取代各种定理,在概率论这个数学分支领域引发了翻天覆地的变化。通过计算机生成的随机数,本书讨论的所有问题几乎都可以轻松地得到“解决”,从而避免了数千次(甚至数百万次)的重复实验。而且,整个过程只需要几秒钟(取决于程序设定的时间),就能给出数学无法处理的复杂问题的结果。我们继续以非传递性的三堆扑克牌为例。选择牌堆Ⅰ,即{4, 9, 2},和牌堆Ⅱ,即{3, 5, 7},计算机就可以通过重复地从每个牌堆里随机选择一张牌,来追踪输赢情况。

不过,我们还需要考虑很多问题。我们如何知道随机数发生器真的做到了随机呢?对于更复杂的问题,需要重复多少次才够?随机实例的生成还可能演变成一个研究问题,比如,如何告诉计算机洗牌。所有这些问题都有助于我们开辟新的研究领域。在用这种蒙特卡罗方法(Monte Carlo method)解决概率问题时,我们经常会参考两本著作:一本是哈默斯利(Hammersley)和汉兹库姆(Handscomb)合著的《蒙特卡罗方法》(*Monte Carlo Methods*),另一本是哈佛大学统计学教授刘军的《科学计算中的蒙特卡罗策略》(*Monte Carlo Strategies in Scientific Computing*)。

明智的人会始终牢记真实世界不同于模拟世界。观察真实世界的某些关键特征,也许有助于你明确自己到底在追求什么,但这些特征在模拟世界中是不存在的。最后,还有很多我们不知道该如何模拟的问题。比如,一副牌应该洗多少次?我们可以模拟洗牌,但由于共有约 10^{68} 个可能的结果,我们可能永远也搞不清楚这个问题或得到一个满意的答案。

致 谢

在创作本书的过程中，我们得到了许多人的帮助。首先，感谢以往10届学生为我们提供的建设性反馈意见。许多朋友阅读了全部或部分书稿，并提出了有益的建议，还指出了其中的错误。特别感谢苏珊·霍姆斯、克里斯蒂安·罗伯特、史蒂夫·埃文斯、吉姆·皮特曼、史蒂夫·施蒂格勒、戴维·默明、西蒙·哈蒂格、杰夫·巴雷特和桑迪·扎贝尔。感谢本书的英文版编辑薇姬·科恩，她和普林斯顿出版社的团队一起，帮我们把打字稿变成了一本出版物。

注 释

第 1 课

1. Echoed by Cicero in *De Natura*.

2. A superb history of early probability is in James Franklin's *The Science of Conjecture: Evidence and Probability before Pascal* (Baltimore: Johns Hopkins University Press, 2002). Franklin examines every scrap of evidence we have, from the Talmud, early Roman law, and insurance over many ethnicities. He makes it clear that people had all sorts of thoughts about chance, but not a single quantitative aspect surfaces.

3. The same issues come up in measuring any basic quantity, for example, the weight of the standard kilogram or the frequency of light. Careful discussion is the domain of measurement theory. For an extensive discussion, see D. H. Krantz, R. D. Luce, P. Suppes, and A. Tversky, *Foundations of Measurement, Vol. I* (1971), *Vol II* (1989), *Vol III* (1990), (New York: Academic Press). For an illuminating discussion of how the Bureau of Standards actually measures the standard kilogram, see D. Freedman, R. Pisani, and R. Purves, *Statistics*, 4th ed. (New York: W. W. Norton, 2007).

4. For discussion, see S. Stigler, *Seven Pillars of Statistical Wisdom* (Cambridge, MA: Harvard University Press, 2016).

5. This kind of virtuous circularity appears throughout science. For an illustration in a much richer setting, see George E. Smith, "Closing the Loop: Testing Newtonian Gravity, Then and Now," in *Newton and Empiricism*, ed. Zvi Beiner and Eric Schliesser (Oxford: Oxford University Press, 2014): 262–351.

6. Written about 1564 but published only posthumously. See O. Ore, *Cardano, the Gambling Scholar* (Princeton: Princeton University Press, 1953), for translation and commentary.

7. Our chapter 7. There are a lot of connections between the early gambling literature and the foundations of probability. See D. Bellhouse, "The Role of Roguery in the History of Probability," *Statistical Science* 8 (1993): 410–20.

8. See appendix 1.

9. Fermat sees this clearly, but Pascal seems to have either made a mistake or misidentified the problem. See appendix 1.

10. Known in India since the second century BCE. For more of the history, see A. Edwards, *Pascal's Arithmetical Triangle: The Story of a Mathematical Idea* (Baltimore: Johns Hopkins University Press, 2002).

11. For more on Huygens, see S. Stigler, "Chance Is 350 Years Old," *Chance* 20 (2007): 33–36.

12. Isaac Newton had a copy and made notes, which can be found in D. T. Whiteside, ed., *The Mathematical Papers of Isaac Newton, Volume 1* (Cambridge: Cambridge University Press, 1967). Thanks to Stephen Stigler for the reference.

13. Incidentally, Newton, one of the great mathematicians of all time, had poor probabilistic skills. See S. Stigler, "Issac Newton as a Probabilist," *Statistical Science* 21 (2004): 400–403.

14. Translated with extensive commentary by Edith Dudley Sylla as *The Art of Conjecturing, Together with a Letter to a Friend on Sets in Court Tennis* (Baltimore: Johns Hopkins University Press, 2006).

15. T. Gilovitch, R. Vallone, and A. Tversky, "The Hot Hand in Basketball: On the Misperception of Random," *Cognitive Psychology* 17 (1985): 295–314.

16. Joseph Keller, "The Probability of Heads," *American Mathematical Monthly* 93 (1986): 191–97.

17. P. Diaconis, S. Holmes, and R. Montgomery, "Dynamical Bias in the Coin Toss," *Siam Review* 49 (2007): 211–35.

18. D. Bayer and P. Diaconis, "Tracking the Dovetail Shuffle to Its Lair," *Annals of Applied Probability* 2 (1992): 294–313.

19. Quoted from the translation of Sylla, 327.

20. P. Diaconis and F. Mosteller, "Methods for Studying Coincidences," *Journal of the American Statistical Association* 84 (1989): 853–61.

21. P. Diaconis and S. Holmes, "A Bayesian Peek into Feller, Volume I," *Sankhya* 64 (2002): 820–41.

第2课

1. Leibniz thought that, given the evidence, these probabilities would be determined by logic. This was the position taken by J. M. Keynes in the early twentieth century in his *Treatise on Probability* (London: Macmillan, 1921). It was effectively criticized by Frank Ramsey, who put forward a judgmental (personalist, subjective) interpretation in 1926, "Truth and Probability," in Frank Ramsey, *The Foundations of Mathematics and Other Logical Essays*, Ch. VII, ed. by R. B. Braithwaite (London: Kegan, Paul, Trench, Trubner & Co., New York: Harcourt, Brace and Company, 1931): 156–98.

2. Paul W. Rhode and Koleman Strumpf, "The Long History of Political Betting Markets: An International Perspective," *Oxford Handbooks Online* (Oxford: Oxford University Press, 2013).

3. There are many further instances of probability in the real world that can serve as substitutes for betting. David Aldous' marvelous online book *On Chance and Uncertainty* is our top recommendation. He has many further pointers.

4. L. J. Savage, *The Foundations of Statistics* (New York: Wiley, 1954).

5. For those who are concerned about infinite spaces, there is a completely analogous argument for countable additivity using a countably infinite number of bets. See E. Adams, "On Rational Betting Systems," *Archiv für mathematische Logik und Grundlagenforschung* 6 (1962): 7–29. Is it legitimate to use a countable number of bets? This is controversial. De Finetti thought not. For further discussion, see B. Skyrms, "Strict Coherence, Sigma Coherence and the Metaphysics of Quantity," *Philosophical Studies* 77 (1995): 39–55. Reprinted in Skyrms, *From Zeno to Arbitrage* (Oxford: Oxford University Press, 2012).

6. Conditional probabilities explain much of the pragmatics of indicative conditional constructions—If Mary is lying, then Samantha is guilty—in natural language. See E. Adams, *The Logic of Conditionals: An Application of Probability to Deductive Logic*, Synthese Library 86

(Dordrecht, Holland: Reidel, 1975). You may consider whether the ensuing discussion provides a rationale.

7. Communicated by Paul Teller, "Conditionalization and Observation," *Synthese* 26 (1973): 218–58.

8. The case where $P(A|e) < P_e(A)$ is similar.

9. *Let's work it out:* Suppose *e* doesn't happen. Then only the bets from the first day count. The bookie paid out fair prices for the 3 bets, respectively:

1. \$$P$ (A and e),
2. $(1-P(e))$ \$$P(A|e)$ = \$$P(A|e) - P(A$ and $e)$,
3. $\delta P(e)$.

He loses bets 1 and 3 but wins bet 2 and collects \$$P(A|e)$.

Adding it up, the bookie loses \$$\delta P(e)$.

Suppose *e* does happen. Then the second transaction is made. We buy back the bet on *A* from the bookie. He gets

$$\$P(A|e) - \delta.$$

It now makes no difference whether *A* happens or not. But the bookie has won bet 3 and so gets

$$\$\delta.$$

Adding it up, the bookie loses \$$\delta P(e)$, as before.

10. David Freedman and Roger Purves, *Annals of Mathematical Statistics* 40 (1969): 1177–86.

11. Richard Jeffrey (1965), *The Logic of Decision*, 3rd rev. ed. (New York: McGraw-Hill; Chicago: University of Chicago Press, 1983).

12. See P. Diaconis and S. Zabell, "Updating Subjective Probability," *Journal of the American Statistical Association* 77 (1982): 822–30.

13. B. Skyrms, "Dynamic Coherence and Probability Kinematics," *Philosophy of Science* 54 (1987): 1–20. Reprinted in B. Skyrms, *From Zeno to Arbitrage* (New York and London: Oxford University Press, 2012).

14. See B. Skyrms, *The Dynamics of Rational Deliberation* (Cambridge, MA: Harvard University Press, 1990) and "Diachronic Coherence and Radical Probabilism," *Philosophy of Science* 73 (2006): 959–68. Reprinted in B. Skyrms. *From Zeno to Arbitrage* (New York and London: Oxford University Press, 2012).

15. B. de Finetti (1974), *Theory of Probability*, tr. A. Machi and A. Smith (New York: Wiley, 1999).

16. There is another motivation as well, based on incentives to reveal one's true probabilities.

17. Also known as mixtures, or convex combinations.

18. See A. H. Murphy and R. M. Winkler, "Probability Forecasting in Meteorology," *Journal of the American Statistical Association* (1984): 489–500, and L. J. Savage, "Elicitation of Personal Probabilities and Expectations," *Journal of the American Statistical Association* 66 (1971): 783–801, respectively.

19. This is called convexity.

20. "Correspondence of Nicholas Bernoulli concerning the St. Petersburg Game," tr. from Richard J. Pullskamp, *Die Werke von Jacob Bernoulli Band 3 K9*, Xavier University (2013). Posted at http://cerebro.xu.edu/math/Sources/NBernoulli/correspondence_petersburg_game.pdf.

21. On either of these suggestions, one can recreate the problem, but postulating prizes that grow fast enough as pointed out by Karl Menger in 1934: K. Menger, "The Role of Uncertainty in Economics," in Martin Shubik, ed., *Essays in Mathematical Economics in Honor of Oskar Morgenstern* (Princeton: Princeton University Press, 1934; 1966).

22. D. Bernoulli (1783), tr. L. Sommer as "Exposition of a New Theory on the Measurement of Risk," *Econometrica* 22 (1954): 22–36.

23. The St. Petersburg game continues to be provocative, and there are many perspectives on it. For more, we suggest you look at R. J. Aumann, "The St. Petersburg Paradox: A Discussion of Some Recent Comments," *Journal of Economic Theory* 14 (1977): 443–45, and P. Samuelson, "The St. Petersburg Paradox: Defanged, Dissected and Historically Described," *Journal of Economic Literature* 15 (1977): 24–55.

24. J. von Neumann and O. Morgenstern, *Theory of Games and Economic Behavior* (Princeton: Princeton University Press, 1944).

25. F. J. Anscombe and R. J. Aumann, "A Definition of Subjective Probability," *Annals of Mathematical Statistics* 34 (1964): 199–205.

26. F. P. Ramsey, "Truth and Probability" in *The Foundations of Mathematics and Other Logical Essays* (London: Routledge and Kegan Paul, 1931): 156–98.

27. L. J. Savage, *The Foundations of Statistics* (New York: Wiley, 1954).

28. See Richard Jeffrey and Michael Hendrickson, "Probabilizing Pathology," *Proceedings of the Aristotelian Society* (1989): 211–26. DOI: http://dx.doi.org/10.1093/aristotelian/89.1.211.

29. B. Skyrms, "Dynamic Coherence and Probability Kinematics," *Philosophy of Science* 54 (1987): 1–20. Reprinted in B. Skyrms, *From Zeno to Arbitrage* (New York and London: Oxford University Press, 2012).

第 3 课

1. We cannot help but remark that people have systematic problems with deduction as well. Some deviations from correct logic are common enough to have become named fallacies. There are problems with conditionals and quantifiers. Students often become confused when dealing with Aristotelian syllogisms. For many examples, and one psychological theory designed to explain them, see P. Johnson-Laird and R. Byrne, *Deduction* (Mahwah, NJ: Erlbaum, 1991).

2. D. Laibson and R. Zeckhauser, "Amos Tversky and the Ascent of Behavioral Economics," *Journal of Risk and Uncertainty* 16 (1998): 7–47.

3. See, for instance, J. Liebman and R. Zeckhauser, "Simple Humans, Complex Insurance, Simple Subsidies," NBER working paper 14330 (Cambridge, MA: National Bureau of Economic Research, 2008).

4. See M. Allais, "Le comportement de l'homme rationnel devant le risque: critique des postulats et axiomes de l'école Américaine," *Econometrica* 21 no. 4 (1953): 503–46.

5. Paul Samuelson and Kenneth Arrow, for instance, made choices consistent with expected utility theory.

6. D. Ellsberg, "Risk, Ambiguity and the Savage Axioms," *Quarterly Journal of Economics* 75 (1961): 643–69.

7. If you don't know what the Pentagon papers are, you should find out.

8. J. M. Keynes, *A Treatise on Probability* (London: Macmillan, 1921).

9. F. H. Knight, *Risk Uncertainty and Profit* (Boston: Houghton Mifflin, 1921).

10. J. S. Mill, *A System of Logic: Ratiocinative and Inductive* (London: Harrison, 1843).

11. A. Tversky and D. Kahneman, "Judgment under Uncertainty: Heuristics and Biases," *Science* 185 (1974): 1124–31.

12. D. Kahneman, *Thinking Fast and Slow* (New York: Farrar, Strauss and Giroux, 2011). The two-process view that animates this enjoyable book should be seen as a deliberate oversimplification, and we recommend that the interested reader also consult the original papers.

13. D. Kahneman and A. Tversky, "Choices, Values and Frames," *American Psychologist* 39 (1984): 341–50.

14. B. J. McNeil, S. J. Pauker, H. C. Sox Jr., and A. Tversky, "On the Elicitation of Preferences for Alternative Therapies," *New England Journal of Medicine* 306 (1982): 1259–62.

15. H. C. Sox, M. C. Higgens, and D. K. Owen, *Medical Decision Making* (New York: Wiley, 2013).

16. Amos Tversky and Daniel Kahneman, "Rational Choice and the Framing of Decisions," *Journal of Business* 59 (1986): S251–78.

17. *The Port Royal Logic*, tr. Thomas Spencer Baynes (Edinburgh: James Gordon, 1861): 367–68.

18. H. Raiffa, *Decision Analysis* (Reading, MA: Addison Wesley, 1968).

第 4 课

1. See E. D. Sylla, "The Emergence of Probability from the Perspective of the Leibniz–Jacob Bernoulli Correspondence," *Perspectives on Science* 6.1 and 2 (1998): 41–76.

2. Written about 1689, published posthumously in 1713. English translation by E. D. Sylla as J. Bernoulli, *The Art of Conjecturing, Together with Letter to a Friend on Sets in Court Tennis* (Baltimore: Johns Hopkins University Press, 2006).

3. Stigler suggests that this may be why Bernoulli did not publish *Ars Conjectandi* in his lifetime. See S. Stigler, *The History of Statistics: The Measurement of Uncertainty before 1900* (Cambridge, MA: Harvard University Press, 1990).

4. A. A. Cournot, *Exposition de la théory des chances et des probabilités* (Paris: Hachett, 1843). See the discussion of the history of this idea in G. Shafer and V. Vovk, "The Sources of Kolmogorov's *Grundbegriffe*," *Statistical Science* 21 (2006): 70–98.

5. Thanks to Steve Stigler for pointing out the transition to us.

6. The Hershel connection is pointed out in J. V. Strong, "John Stuart Mill, John Herschel, and the Probability of Causes," *PSA: Proceedings of the Biennial Meeting of the Philosophy of Science Association*, V. 1 (1978): 31–41. Strong refers to a letter from Herschel to Mill in December 1845. There are also two further letters supporting Laplace in April 1846. Mill replies that the second letter has convinced him. The letters are in the archives of the Royal Society.

7. J. Venn, *The Logic of Chance: An Essay on the Foundations and Province of the Theory of Probability with Especial Reference to its Application in Moral and Social Sciences* (London and Cambridge: Macmillan, 1866).

8. Maurice Fréchet, "The Diverse Conceptions of Probability," *Erkenntnis* 1 (1939): 7–23.

第 5 课

1. A. N. Kolmogorov (1933), *Grundbegriffe der Wahrscheinlichkeitsrechnung*, Springer. English translation as *Foundations of the Theory of Probability* (New York: Chelsea, 1950).

2. A wonderful book full of such arguments is Mark Levi, *The Mathematical Mechanic* (Princeton: Princeton University Press, 2009). Some of the arguments are quite compelling, but they are different sorts of arguments than mathematical proofs.

3. M. Kac, *Enigmas of Chance* (New York: Harper and Row, 1985).

4. Countably additive. Kolmogorov's terminology is "completely additive."

5. The postulate of countable additivity arrives in two stages. First, finite additivity is postulated as all that is needed for finite spaces. Then Kolmogorov introduces a postulate of *continuity*:

> If we have a decreasing series of sets whose intersection is empty, the limit of the probabilities of these sets as they become smaller must be zero.

He then shows that in the presence of the other axioms, this axiom is equivalent to countable additivity.

6. The existence of such conditional probabilities is guaranteed by the abstract Radon-Nikodym theorem, proved by Otto Nikodym in 1930.

7. The measurable space need not use [0, 1) as in our example, but some assumptions on the space are necessary.

8. For instance, J. L Doob, *Stochastic Processes* (New York: Wiley, 1953). See also Doob's memoire, "Kolmogorov's Early Work on Convergence Theory and Foundations," *Annals of Probability* 17 (1989): 815–21.

9. New York: Random House.

10. Princeton: Princeton University Press.

11. D. Freedman, *Statistical Models: Theory and Practice* (New York: Cambridge University Press, 2005) and *Statistical Models and Causal Inference: A Dialogue with the Social Sciences* (New York: Cambridge University Press, 2009).

12. See the discussion in S. L. Zabell, *Symmetry and its Discontents: Essays in the History of Inductive Probability* (New York: Cambridge University Press, 2005).

13. A. Berger and T. P. Hill, *An Introduction to Benford's Law* (Princeton: Princeton University Press, 2015).

14. Things are all right if *A* and *B* are disjoint; density is finitely additive. But it is possible that both *A* and *B* have a density, but their union does not. See R. C. Buck, "The Measure-Theoretic Approach to Density," *American Journal of Mathematics* 68 (1946): 560–80.

15. But it is worth mentioning that in the limit, as *s* tends to 1, there are sets for which the limit doesn't exist.

16. A. N. Kolmogorov, "Algèbres de Boole métriques complètes," *Zjazd Matematyków Polskich*. Appendix to the Annals of the Polish Society of Mathematicians 20 (1948): 21–30. Translated by R. Jeffrey as "Complete Metric Boolean Algebras," *Philosophical Studies* 77 (1995): 57–66.

17. A. N. Kolmogorov, "On Tables of Random Numbers," *Sankhya* 25 (1963): 369–75.

18. Fourth century BCE.

19. G. Vitali, *Sul problema della misura dei gruppi di punti di una retta* (Bologna: Gamberini e Parneggiani, 1965).

20. This is called "translation invariance."

21. Nonmeasurable in the senses of Borel and of Lebesgue.

22. F. Hausdorff, *Grundzüge der Mengenlehre* (Leipzig: Veit., 1914).

23. S. Banach and A. Tarski, "Sur la décomposition des ensembles de points en parties respectivement congruentes," *Fundamenta Mathematicae* 6 (1924): 244–77.

24. S. Banach and C. Kuratowski, "Sur une généralisation du problème de la mesure," *Fundamenta Mathematicae* 5 no. 14 (1929): 127ff.

第 6 课

1. T. Bayes, "An Essay towards solving a Problem in the Doctrine of Chances," *Philosophical Transactions of the Royal Society* 53 (1763): 370–418.

2. S. Stigler, "True Title of Bayes' Essay," *Statistical Science* 28 (2013): 283–88.

3. Quoted in Raynor, "Hume's Knowledge of Bayes's Theorem," *Philosophical Studies* 38 (1980): 105–6.

4. In statistical jargon, the chance of seeing j successes out of n, $\binom{n}{j} x^j (1-x)^{n-j}$ is called the likelihood. One natural choice of prior has the same form with j and $n-j$ now replaced by two parameters, $\alpha-1$ and $\beta-1$, with α and β positive numbers. This is now thought of as a function of x and normalized so that it integrates to 1. This is called a β prior (with parameters α and β).

5. P. Diaconis and D. Ylvisaker, "Quantifying Prior Opinion," in J. M. Bernardo, M. H. Degroot, D. V. Lindley, A. F. M. Smith, eds., *Bayesian Statistics 2: Proceedings of the Second Valencia International Meeting* (North-Holland-Amsterdam: Elsevier, 1985): 133–56.

6. P. Diaconis and D. Freedman, "On the Consistency of Bayes Estimates," *Annals of Statistics* 14 (1986): 1–26.

7. Open Science Collaboration, "Estimating the Reproducibility of Psychological Science," *Science* 28 Aug. 2015, Vol. 349 Issue 6251. DOI: 10.1126/science.aac4716.

8. J.P.A. Ioannidis, "Why Most Published Research Findings Are False," *PLoS Medicine* 2 no. 8 (2005): e124.

9. C. Glenn Begley and Lee M. Ellis, "Drug Development: Raise Standards for Preclinical Research," *Nature* 483 (2012): 531–33. DOI: 10.1038/483531a.

10. Ioannidis (2005), 0696.

11. H. Pashler and C. Harris, "Is the Replicability Crisis Overblown? Three Arguments Examined," *Perspectives on Psychological Science* 7 (2012): 531–36. DOI: 10.1177/1745691612463401.

12. There is an interactive p-hacking app on Nate Silver's blog that you might like to try: http://fivethirtyeight.com/features/science-isnt-broken/#part2.

13. See S. L. Zabell, "Commentary on Alan M. Turing: The Applications of Probability to Cryptography," *Cryptologia* 36 no. 3 (2012): 191–214.

14. B. de Finetti (New York: Wiley, 1972).

15. For a careful treatment of how Bayesian thinking affects even such basic probability problems, see P. Diaconis and S. Holmes, "A Bayesian Peek into Feller, Volume I," *Sankhya* 64 (2002): 820–41.

16. But if you have information that makes for a nonuniform prior, why leave it out?

17. Technically, minimax or admissible.

18. J. Cornfield, "The Bayesian Outlook and its Applications," *Biometrics* 25 (1969): 617–57.

19. Details can be found in Jim Berger's *Statistical Decision Theory* (New York: Springer Berger, 1980), and Wolpert's *The Likelihood Principle* (Bethesda, MD: Institute of Mathematical Statistics, 1988) [free online at Project Euclid of the IMS] is also highly recommended.

20. For the amazing story of Dorothy Wrinch, see D. Senechal, *I Died for Beauty: Dorothy Wrinch and the Cultures of Science* (New York: Oxford University Press, 2012). For the joint work of Jeffreys and Wrinch: "On Some Aspects of the Theory of Probability," *Philosophical Magazine* 38 (1919): 715–31; "On Certain Fundamental Principles of Scientific Inquiry," *Philosophical Magazine* 42 (1921): 369–90; "On Certain Fundamental Principles of Scientific Inquiry," *Philosophical Magazine* 45 (1923): 368–74.

21. How does one ever learn a true universal generalization? This is a criticism that was made of the (1950) system of inductive logic of the philosopher Rudolf Carnap, which is essentially rolling a die with a uniform prior. For discussion see S. L. Zabell, "Confirming Universal Generalizations," *Erkenntnis* 45 (1996): 267–83.

22. The example is in H. Jeffreys, *Theory of Probability*, 2d ed. (1949), 3d ed. (1961), (Oxford: Clarendon Press, 1939).

23. I. J. Good, *Probability and the Weighing of Evidence* (London: Griffin, 1950).

24. Statisticians do many things other than estimating parameters (the *i*'s from before). They design experiments, data displays, and ways with dealing with miss-specified models, wildly outlying data, and missing data. For pointers to philosophical aspects see D. Freedman, *Statistical Models: Theory and Practice* (New York: Cambridge University Press, 2005); P. Diaconis, "Theories of Data Analysis: from Magical Thinking through Classical Statistics," in D. C. Hoaglin

et al., eds, *Exploring Data Tables Trends and Shapes* (New York: Wiley, 1985); and P. Diaconis, "A Place for Philosophy? The Rise of Modeling in Statistics," *Quarterly Journal of Applied Mathematics* 56 (1998): 797–805.

25. D. Cox, *Principles of Statistical Inference* (New York: Cambridge University Press, 2006).

26. See P. Diaconis, "Theories of Data Analysis, From Magical Thinking to Mathematical Statistics," in D. C. Hoaglin et al., ed., *Exploring Data Tables Trends and Shapes* (New York: Wiley, 1985).

第 7 课

1. New York: Wiley, 1972.

2. "La Prévision: ses lois logiques, ses sources subjectives," *Annales de l'Institut Henri Poincaré* (1937), tr. as "Foresight: Its Logical Laws, Its Subjective Sources," in H. E. Kyburg and H. E. Smokler, eds., *Studies in Subjective Probability* (New York: Wiley): 196.

3. Bruno de Finetti, "Sur la condition d'équivalence partielle," *Actualités scientifiques et Industrielles* 739 (Hermann & Cie, 1938). Translated as "On the Condition of Partial Exchangeability" by P. Benacerraf and R. Jeffrey in *Studies in Inductive Logic and Probability II*, ed. R. Jeffrey (Berkeley: University of California Press, 1980): 193–205.

4. A detailed commentary in modern language is in S. Bacallando, P. Diaconis, and S. Holmes, "De Finetti's Priors Using Markov Chain Monte Carlo Computations," *Statistics and Computing* 25, no. 4 (2015): 797–808.

5. See P. Diaconis, "Finite Forms of de Finetti's Theorem," *Synthese* (1977): 271–81.

6. It is called nonparametric Bayesian statistics. See J. K. Ghosh and R. V. Ramamoorthy, *Bayesian Non-Parametrics* (Berlin: Springer, 2003) for a textbook account.

7. For more, see P. Diaconis and D. Freedman, "Partial Exchangeability and Sufficiency," in *Statistics: Applications and New Directions* (Calcutta: Indian Statistical Institute, 1981), and O. Kallenberg, *Probabilistic Symmetries and Invariance Principles* (Berlin: Springer, 2005).

8. D. Freedman, "Mixtures of Markov Processes," *Annals of Mathematical Statistics* 2 (1962): 615–29.

9. P. Diaconis and D. Freedman, "de Finetti's Theorem for Markov Chains," *Annals of Probability* 8 (1980): 115–30.

10. B. de Finetti, "Sur la condition d'équivalence partielle," *Actualités scientifiques et Industrielles* 739 (Hermann & Cie, 1938). Translated as "On the Condition of Partial Exchangeability" by P. Benacerraf and R. Jeffrey in *Studies in Inductive Logic and Probability II*, ed. R. Jeffrey (Berkeley: University of California Press, 1980): 193–205.

11. G. Birkhoff, "Proof of the Ergodic Theorem," *Proceedings of the National Academy of Sciences of the USA* 17 (1931): 656–60.

12. H. Weyl, *Symmetry* (Princeton: Princeton University Press, 1952).

13. See D. Freedman, "Invariants under Mixing which Generalize de Finetti's Theorem," *Annals of Mathematical Statistics* 33 (1962): 916–23.

第 8 课

1. G. Marsaglia, "Random Numbers Fall Mainly in the Planes," *Proceedings of the National Academy of Sciences of the USA* 61 (1968): 25–28.

2. D. Knuth, *The Art of Computer Programming v. III* (Reading, MA: Addison Wesley, 1973).

3. M. Matsumoto and T. Nishimura, "Mersenne Twister: a 623-dimensionally Equidistributed Uniform Pseudo-random Number Generator," *ACM Transactions on Modeling and Computer Simulation* 8 (1998): 3–30.

4. "Coin Tossing Computers Found to Show Subtle Bias," *New York Times*, Jan. 12, 1993.

5. W. Press, S. A. Terkolsky, W. T. Vetterling, and B. P. Flannery, *Numerical Recipes: The Art of Scientific Computing*, 3rd ed. (Cambridge: Cambridge University Press, 1987).

6. M. Blum and S. Micali, "How to Generate Cryptographically Strong Sequences of Pseudorandom Bits," *SIAM Journal on Computing* 13 (1984): 850–64.

7. P. Martin-Löf, "The Definition of Random Sequences," *Information and Control* 9 (1966): 602–19.

8. Notably Fréchet.

9. A. Wald, "Die Widerspruchsfreiheit des Kollektiv begriffes der Wahrscheinlichkeitsrechnung," *Ergebniss eines mathematischen Kolloquiums* 8 (1937): 38–72.

10. A. Church, "On the Concept of a Random Sequence," *Bulletin of the American Mathematical Society* 40 (1940): 254–60.

11. R. von Mises, *Probability, Statistics and Truth* (London: Macmillan, 1939).

12. J. Ville, *Étude critique de la notion de collectif*, Monographies des Probabilités 3 (Paris: Gauthier-Villars, 1939).

13. P. Martin-Löf, "The Definition of Random Sequences," *Information and Control* 9 (1966): 602–19.

14. D. Hilbert and W. Ackermann, *Grundzüge der theoretischen Logik* (Berlin: Springer, 1928).

15. A. Church, "An Unsolvable Problem of Elementary Number Theory," *American Journal of Mathematics* 58 (1936): 345–63. A. Turing, "On Computable Numbers, with an Application to the Entscheidungsproblem," *Proceedings of the London Mathematical Society* Series 2, 42 (1937): 230–65.

16. A. A. Markov, *The Theory of Algorithms*, American Mathematical Society Translations, series 2, 15 (1960): 1–14.

17. K. Gödel (1946), "Remarks before the Princeton Bicentenial Conference on Problems in Mathematics," in *Collected Works v. II*, ed. S. Feferman (New York: Oxford University Press, 1990): 150.

18. In fact, Martin-Löf shows that there is a universal test such that if a sequence passes it, it passes all tests.

19. C. P. Schnorr, *Zufälligkeit und Wahrscheinlechkeit: Eine algorithmische Begründung der Wahrscheinlichkeitstheorie* (Berlin: Springer, 1971).

20. A. N. Kolmogorov, "On Tables of Random Numbers," *Sankhyā, The Indian Journal of Statistics Ser. A* 25 (1963): 369–76.

21. G. J. Chaitin, "On the Length of Programs for Computing Finite Binary Sequences: Statistical Considerations," *Journal of the Association for Computing Machinery* 16 (1966): 407–22.

22. R. J. Solomonoff, "A Preliminary Report on a General Theory of Inductive Inference," Technical Report ZTB-138 (Cambridge, MA: Zator, 1960) and "A Formal Theory of Inductive Inference Parts I and II," *Information and Control* 7 (1964): 1–22 and 224–54.

23. R. J. Solomonoff, "Algorithmic Probability—Its Discovery—Its Properties and Application to Strong AI," chapter 11 in Hector Zenil, ed., *Randomness through Computation* (Singapore: World Scientific, 2011): 149–57.

24. L. Levin, "On the Notion of a Random Sequence," *Soviet Mathematics Doklady* 14 (1973): 1413–16.

25. G. J. Chaitin, "A Theory of Program Size Formally Identical to Information Theory," *Journal of the Association for Computing Machinery* 22 (1975): 329–40.

第9课

1. L. Boltzmann, "Weitere Studien über das Wärmegleichgewicht unter Gasmolekün," *Sitzungberichte der Akademie der Wissenschaften zu Wien, mathematischnaturwissenschaftliche Klasse* 66 (1872): 275–370. Tr. in S. G. Brush, *The Kinetic Theory of Gases* (London: Imperial College Press, 2003).

2. J. Loschmidt, "Über den Zustand des Wärmgleichgewichtes eines Systemes von Körpern mit Rücksicht auf die Schwerkraft," *Sitzungberichte der Akademie der Wissenschaften zu Wien, mathematisch-naturwissenschaftliche Klasse* 73 (1876): 128–42.

3. E. Zermelo, "Uber enien Satz der Dynamik und die mechanische Wärmetheorie," *Annalen der Physik* 57 (1896): 485–94. English translation in Brush (2003): 382–91.

4. H. Poincaré, "Sur le problème des trois corps et les équations de la dynamique," *Acta Mathematica* 13 (1890): 1–270. Partial English translation in Brush (2003): 368–76.

5. P. Ehrenfest and T. Ehrenfest-Afanassjewa, *The Conceptual Foundations of the Statistical Approach in Mechanics* (Ithaca: Cornell University Press, 1959); translation of "Begriffliche Grundlagen der statistischen Auffassung in der Mechanik," *Encyklopädie der mathematischen Wissenschaften*, Volume IV/2/II/6 (Leipzig: B. G. Teubner, 1912).

6. M. Kac, "Random Walk and the Theory of Brownian Motion," *American Mathematical Monthly* 54 (1947): 369–91.

7. This is Jaynes' "maximum entropy" approach applied to this toy problem. For Jaynes on statistical mechanics, see E. T. Jaynes, "Information Theory and Statistical Mechanics," *Physical Review* 106 no. 4 (1967): 620–30, and "Information Theory and Statistical Mechanics II," *Physical Review* 108 no. 2: 171–90.

8. See P. Diaconis and M. Shahshahani, "Time to Reach Sationarity in the Bernoulli-Laplace Diffusion Model," *Siam Journal of Mathematical Analysis* 18 (1987): 202–18.

9. Or arbitrarily close to every point in phase space.

10. Iterating the transformation gives a semigroup of transformations if an initial time is presupposed or a group if time is infinite in past and future.

11. More precisely, that is to say that the symmetric difference between s and $T^{-1}(s)$ has measure zero.

12. Lebesgue measure on the phase space restricted to a constant-energy hypersurface.

13. Liouville's theorem.

14. Ya. G. Sinai, "On the Foundation of the Ergodic Hypothesis for a Dynamical System of Statistical Mechanics," *Soviet Mathematics Doklady* 4 (1963): 1818–22.

15. Ya. G. Sinai and N. I. Chernov, "Ergodic Properties of Certain Systems of 2-D Discs and 3-D Balls," *Russian Mathematical Surveys* 42 (1987): 181–207.

16. English translation by A. R. Fuller (London: Taylor and Francis, 1992).

17. See E. Engel, *A Road to Randomness in Physical Systems*, Lecture Notes in Statistics 71 (Berlin: Springer, 1992).

18. Some dynamical systems can be proved to be mixing. E. Hopf used such proofs to justify the usual assumptions of independent repeated trials. See Engle, cited in the previous note, for an account.

19. For more on these topics, see D. Ornstein, *Ergodic Theory, Randomness and Dynamical Systems*, Yale Mathematical Monographs 5 (New Haven: Yale University Press, 1974) and D. Ornstein and B. Weiss, "Statistical Properties of Chaotic Systems," *Bulletin of the American Mathematical Society* 24 (1991): 11–116.

20. D. Szátz, "Boltzmann's Ergodic Hypothesis: A Conjecture for Centuries?" Mathematical Institute of the Hungarian Academy of Sciences (Budapest, Hungary, 1994).

21. For an invitation to think subjectively about quantum mechanics from a mainstream physicist, see D. Mermin, "Quantum Mechanics: Fixing the Shifty Split," 65 (2012): 12 (http://dx.doi.org/10.1063/PT.3.1618), which contains further references.

22. The interpretation of quantum mechanics has generated a huge philosophical literature, which has little to do with its applications. Theories that are metaphysically quite different aim at producing the very same probabilities of outcome conditional on measurement performed. As Mermin says, "New interpretations appear every year; none ever seems to disappear." (See note 21.)

23. Two good introductory accounts of quantum mechanics are L. Susskind and A. Friedman, *Quantum Mechanics: The Theoretical Minimum* (New York: Basic Books, 2014), and D. Griffiths, *Introduction to Quantum Mechanics*, 2d ed. (New York: Prentice Hall, 2004). For a friendly account with pointers to the philosophical literature see R.I.G. Hughes, *The Structure and Interpretation of Quantum Mechanics* (Cambridge, MA: Harvard University Press, 1992).

24. A. Einstein, B. Podolsky, and N. Rosen, "Can Quantum-Mechanical Description of Physical Reality Be Considered Complete?" *Physical Review* 47 (1935): 777–80.

25. J. S. Bell, "On the Einstein–Podolsky–Rosen Paradox," *Physics* 1 (1964): 195–200. Reprinted in J. S. Bell, *Speakable and Unspeakable in Quantum Mechanics* (Cambridge: Cambridge University Press, 2004): 14–21.

26. A singlet state.

27. Starting with A. Aspect, J. Dalibard, and G. Roger, "Experimental Test of Bell's Inequalities Using Time-Varying Analyzers," *Physical Review Letters* 49 (1982): 1804–7.

28. W. Tittel, J. Brendel, H. Zbinden, and N. Gisin, "Violation of Bell Inequalities by Photons More Than 10 km Apart," *Physical Review Letters* 81 (1998): 3563–66.

29. G. Weihs, T. Jennewein, C. Simon, H. Weinfurter, and A. Zeilinger, "Violation of Bell's Inequality under Strict Einstein Locality Conditions," *Physical Review Letters* (1998): 5039–43.

30. For discussion of how the experiments close loopholes, see the Scholarpedia article on Bell's theorem, by S. Goldstein, T. Norsen, D. V. Tausk, and N. Zanghi, doi:10.4249/scholarpedia.8378, and the Stanford Encyclopedia of Philosophy articles by A. Shimony and by A. Fine.

31. This is not to say that it is impossible to have a deterministic hidden variable theory that recovers the quantum probabilities. Such theories exist. But they do not recover the locality that was Einstein, Podolsky, and Rosen's original motivation for considering them. See D. Bohm, "A Suggested Interpretation of the Quantum Theory in Terms of 'Hidden' Variables, I and II," *Physical Review* 85 (1952): 166–79, 180–93. In Bohmian mechanics, the underlying physical process is deterministic, and the quantum mechanical probabilites are purely epistemic. We will return to this in the appendix.

32. The study of how quantum mechanical systems behave in an environment in which their classical counterparts are chaotic was dubbed quantum chaology in M. V. Berry, "The Bakerian Lecture 1987: Quantum Chaology," *Proceedings of the Royal Society of London. Series A, Mathematical and Physical Sciences* 413 (1987): 183–98.

33. L. A. Bunimovich, "On the Ergodic Properties of Nowhere Dispersing Billiards," *Communications Mathematical Physics* 65 (1979): 295–312.

34. To even state it correctly requires more machinery than we have in this book. For a review article, see S. Nonnenmacher, "Anatomy of Quantum Chaotic Eigenstates," *Seminaire Poincare* XIV (2010): 177–220.

35. Thus, the stadium, being ergodic, is quantum ergodic. But the ghost of the exceptional "bouncing ball" orbits remains in the "scarring" visible in some eigenstates. That this scarring is genuine is proved by A. Hassell. See Hassell's introduction to the subject, "What is Quantum Unique Ergodicity?" *Australian Mathematical Society Technical Paper.*

36. See H. D. Zeh, "On the Interpretation of Measurement in Quantum Theory," *Foundations of Physics* 1 (1970): 69–76.

37. For a lucid discussion of these issues and advocacy of the Bohmian approach, see J. S. Bell, *Speakable and Unspeakable in Quantum Mechanics: Collected Papers* (Cambridge: Cambridge University Press, 2004).

38. D. Bohm, "A Suggested Interpretation of the Quantum Theory in Terms of 'Hidden' Variables, I and II," *Physical Review* 85 (1952): 166–93.

39. The reason being "decoherence"; the interaction destroys the coherence required for interference effects.

40. H. Everett III, "'Relative State' Formulation of Quantum Mechanics," *Review of Modern Physics* 29 (1957): 454–62. For Everett's recently discovered nachlass, see J. A. Barrett and P. Byrne, eds., *The Everett Interpretation of Quantum Mechanics: Collected Works 1955–1980 with Commentary* (Princeton: Princeton University Press, 2012). Everett's manuscripts are archived at the University of California, Irvine Libraries, available online at http://hdl.handle.net/10575/1060.

41. For further discussion see J. A. Barrett, *The Quantum Mechanics of Minds and Worlds* (New York: Oxford University Press, 1999); S. Saunders, J. Barrett, A. Kent, and D. Wallace, *Many Worlds: Everett, Quantum Theory and Reality* (New York: Oxford University Press, 2012); D. Wallace, *The Emergent Multiverse: Quantum Theory According to the Everett Interpretation* (Oxford: Oxford University Press, 2014).

42. Wallace (previous footnote) uses a rational degree-of-belief interpretation; Everett is a kind of frequentist.

第 10 课

1. B. Russell, *The Problems of Philosophy*, Home University Library (London: Williams and Norgate, 1912). Available online at Project Gutenberg.

2. L. J. Savage, "Implications of Personal Probability for Induction," *Journal of Philosophy* 64 (1967): 593–607.

3. B. de Finetti, "Sur la condition d'équivalence partielle," *Actualités scientifiques et Industrielles* 739 (Hermann & Cie, 1938). Translated as "On the Condition of Partial Exchangeability," by P. Benacerraf and R. Jeffrey in *Studies in Inductive Logic and Probability II*, ed. R. Jeffrey (Berkeley: University of California Press, 1980): 193–205.

4. D. Hume, *An Enquiry Concerning Human Understanding* (London: Millar, 1748/1777), Section IV, Part I, 21.

5. Hume (1748/1777) IV, Part II, 32.

6. For a nice entrée into the literature, with a guide to diverging interpretations, see G. De Pierris and M. Friedman, "Kant and Hume on Causality," *The Stanford Encyclopedia of Philosophy*, https://plato.stanford.edu/entries/kant-humecausality/.

7. C. D. Broad, *The Philosophy of Francis Bacon* (Cambridge: Cambridge University Press, 1926), http://www.ditext.com/broad/bacon.html.

8. K. Popper, *Logik der Forshung* (Vienna: Springer Verlag). Translated as *The Logic of Scientific Discovery* (London: Hutchinson) and *The Logic of Scientific Discovery*, 2d. ed. (New York: Harper, 1934/1959/1968).

9. Popper (1968): 29.

10. First and second centuries AD. Most of what we know of him is through the account of Diogenes Laërtius, *Lives of the Eminent Philosophers*, Book IX 90, tr. R. D. Hicks, Loeb Classical Library (Cambridge, MA: Harvard University Press, 1925).

11. See B. Skyrms, "Grades of Inductive Skepticism," *Philosophy of Science* 81 (2014): 303–12, from which this chapter is largely drawn.

12. Bernoulli (1713/2005): chapter 4.

13. De Moivre made similar claims in the second and third editions of *The Doctrine of Chances*.

14. R. Price, Preface to "An Essay Towards Solving a Problem in the Doctrine of Chances," *Proceedings of the Royal Society of London* 53 (1763): 370–76.

15. Hume (1749/1777), Section VI, 47.

16. See D. A. Gillies, "Was Bayes a Bayesian?" *Historia Mathematica* 14 (1987): 325–46, S. L. Zabell, "The Rule of Succession," *Erkenntnis* 31 (1989): 283–321, and S. L. Zabell, "The Continuum of Inductive Methods Revisited," in *The Cosmos of Science*, ed. J. Norton and J. Earman (Pittsburgh: University of Pittsburgh Press, 1997): 351–85.

17. S. Stigler, "True Title of Bayes' Essay," *Statistical Science* 28 (2013): 283–88.

18. P. S. Laplace, "Mémoire sur la probabilité des causes par les événemens," *Savants étranges* 6 (1774): 621–56. Tr. by Stephen Stigler as "Memoir on the Probability of the Causes of Events," *Statistical Science* 1 (1986): 359–78.

19. As were Kurt Grelling and Carl Hempel.

20. H. Reichenbach, *Experience and Prediction* (Chicago: University of Chicago Press, 1938): 352.

21. In fact, he proves something stronger, the Bernstein–von Mises phenomenon. The posterior is asymptotically normal.

22. Laplace (1774/1986).

23. Here we mean the skeptics who succeeded Plato in the Academy, starting with Arcesileas and Carneades. There is a line of influence through Cicero and to modern times that makes a fascinating story. As an entry point, we recommend R. Popkin's *History of Skepticism*, rev. ed. (New York: Oxford University Press, 2003).

24. In the weak-star topology. This is defined in terms of convergence of expectations, which are what we usually care about. A sequence of probability measures, P_n , converges weak-star to P if, for all bounded continuous functions f, the associated expectations converge: $E_n(f)$ —> $E(f)$.

25. This is not to say that these results hold with absolute generality. With an infinite number of categories, things are more complicated. There are still consistent "ignorance" priors, but their characterization is not so straightforward or intuitively compelling. See P. Diaconis and D. Freedman, "On the Consistency of Bayes' Estimates," *Annals of Statistics* 14 (1988): 1–26.

26. J. L. Doob, "Application of the Theory of Martingales," *Actes du Colloque International Le Calcul des Probabilités et ses applications* (Paris CNRS, 1948): 23–27.

27. Hume (1749/1777), Section VI, 46.

28. De Finetti's theorem has been proved in considerably more general form. See E. Hewitt and L. J. Savage, "Symmetric Measures on Cartesian Products," *Transactions of the American Mathematical Society* 80 (1955): 470–501.

29. You may be skeptical about infinite sequences being part of the world, as was de Finetti. If so, consider finite exchangeable sequences that can be extended to longer sequences that remain exchangeable. See P. Diaconis and D. Freedman, "Finite Exchangeable Sequences," *The Annals of Probability* 8 (1980): 745–64. On de Finetti's finitist views of his theorem, see S. L. Zabell, "De Finetti, Chance and Quantum Physics," in *Bruno de Finetti: Radical Probabilist*, ed. Maria Carla Galavotti (London: College Publications, 2009): 59–83, and D. M. Cifarelli and E. Regazzini, "De Finetti's Contribution to Probability and Statistics," *Statistical Science* 11 (1996): 2253–82.

30. B. de Finetti, "Sur la condition d'équivalence partielle," *Actualités Scientifiques et Industrialles* 739 (Hermann & Cie, 1938), tr. Paul Benacerraf and Richard Jeffrey as "On the Condition of Partial Exchangeability," in *Studies in Inductive Logic and Probability II*, ed. Richard Jeffrey (Berkeley: University of California Press, 1980): 193–205.

31. See P. Diaconis and D. Freedman, "De Finetti's Generalizations of Exchangeability," in *Studies in Inductive Logic and Probability II*.

32. As suggested in P. Billingsley, *Ergodic Theory and Information* (New York: Wiley, 1965).

33. More generally, of the average values of a measurable function.

34. That is, for almost every point in the space—with "almost every" determined by your probabilities—the limiting relative frequencies exist.

35. The limiting relative frequency of *A* is a random variable. Your expectation of this limiting relative frequency is your probability of A. In the special case in which your degrees of belief are ergodic, *you are sure that your probability of A is equal to the limiting relative frequency.* This is Birkhoff's ergodic theorem.

36. N. Goodman, *Fact, Fiction and Forecast* (Cambridge, MA: Harvard University Press, 1955).

37. See B. Skyrms, "Bayesian Projectibility," in *Grue! The New Riddle of Induction*, ed. D. Stalker (Chicago: Open Court, 1994). Reprinted in Skyrms, *From Zeno to Arbitrage* (Oxford: Oxford University Press, 2012), chapter 13, for a more thorough discussion.

38. A measurable set in one's probability space.

39. R. Jeffrey, *The Logic of Decision* (New York: McGraw-Hill, 1965) and "Probable Knowledge" in I. Lakatos, ed., *The Problem of Inductive Logic* (Amsterdam: North Holland, 1968).

40. M. Goldstein, "The Prevision of a Prevision," *Journal of the American Statistical Association* 78 (1983): 817–19.

41. B. van Fraassen, "Belief and the Will" *The Journal of Philosophy* 81 (1984): 235–56.

42. B. Skyrms, *The Dynamics of Rational Deliberation* (Cambridge, MA: Harvard University Press, 1990) and "Diachronic Coherence and Radical Probabilism," *Philosophy of Science* 73 (2006): 959–68, reprinted in Skyrms, *From Zeno to Arbitrage* (New York: Oxford University Press, 2012).

43. S. L. Zabell, "It All Adds Up: The Dynamic Coherence of Radical Probabilism," *Philosophy of Science* 69 (2002): S98–S103.